中国大城市道路交通发展研究报告

——之一

公安部道路交通安全研究中心　编

中国建筑工业出版社

图书在版编目（CIP）数据

中国大城市道路交通发展研究报告. 1/公安部道路交通安全研究中心编.
—北京：中国建筑工业出版社，2015. 8
ISBN 978-7-112-18196-4

Ⅰ. ①中… Ⅱ. ①公… Ⅲ. ①大城市—城市道路—交通运输发展—研究报告—中国—2013 Ⅳ. ①TU984. 191

中国版本图书馆 CIP 数据核字（2015）第 131270 号

本书以全国36个大城市（4个直辖市、27个省会城市、5个计划单列市）的相关数据和典型案例为分析对象，从社会经济与城市交通、城市车辆、机动车驾驶人、城市道路交通运行、道路交通事故、城市交通宣传教育等6个方面进行了指标数据对比分析，对2013年全国36个大城市交通运行发展态势进行探讨，针对性地开展城市道路交通运行信息深度挖掘，科学分析36个城市道路交通运行的规律与特点，并提出了对策建议。书中最后提出了“城市道路交通发展指数”概念，采取聚类分析的方法将36个大城市分为三类，说明了三类城市的发展特点、所处阶段，并针对性地分步提出相关意见与建议。为全面了解我国大城市交通发展情况、指导全国城市交通管理工作提供决策依据和参考。

责任编辑：张文胜　姚荣华
责任设计：王国羽
责任校对：李美娜　刘梦然

中国大城市道路交通发展研究报告——之一

公安部道路交通安全研究中心　编

*

中国建筑工业出版社出版、发行（北京西郊百万庄）
各地新华书店、建筑书店经销
北京楠竹文化发展有限公司制版
北京云浩印刷有限责任公司印刷

*

开本：787×960 毫米　1/16　印张：7　字数：100 千字
2015 年 7 月第一版　　2015 年 7 月第一次印刷
定价：**25.00** 元
ISBN 978-7-112-18196-4
（27409）

本书编委会

主　审： 尚　炜

主　编： 戴　帅

编　者： 刘金广　巩建国　朱建安

李翔敏　赵琳娜　匡文博

中央级公益性科研院所基本科研业务经费专项资金资助项目

前 言

伴随着我国城市规模的不断扩大、人口的急剧增长和机动化的快速提升，城市可持续发展、交通承载能力、道路交通管理面临着前所未有的挑战，城市交通拥堵治理及今后的发展走势成为各级政府和普通百姓普遍关注的民生问题。目前，我国共有地级行政单位333个、设市城市657个，全国城市道路里程虽然仅有33.6万km，仅占全国道路里程的7.5%，但是城市交通违法却占全国处罚总量的60.2%、道路交通事故超过全国总量的40%。与此同时，全国有74.6%的机动车、80.9%的汽车和81.7%的小汽车集中在城市范围内，机动车在城市的快速发展和高度聚集，迫切需要全方位地量化剖析城市交通发展情况，用数据来回答城市交通面临的问题。

公安部道路交通安全研究中心以我国36个大城市（4个直辖市、27个省会城市、5个计划单列市）为分析对象，历时半年赴有关省市采集相关数据和典型案例，从社会经济与城市交通、城市车辆、机动车驾驶人、城市道路交通运行、道路交通事故、城市交通宣传教育等6个方面进行了指标数据对比分析，对2013年全国36个大城市交通运行发展态势进行探讨，针对性地开展城市道路交通运行信息深度挖掘，科学分析36个城市道路交通运行的规律与特点，提出对策建议，为全面了解我国大城市交通发展情况、指导全国城市交通管理工作提供决策依据和参考。

选择将36个大城市作为研究对象，主要基于以下四个原因：第一，36个大城市对于促进国民经济健康发展、推动整个社会的文明进步，具有举足轻重的影响。36个大城市的面积为54.56万km^2，仅占国土面积的5.7%，人口为1.69亿，仅占全国总人口的12.4%，但国内生产总值（GDP）占全国的41.8%，人均GDP达到71625元，比全国平均水平高出72个百分点。第二，36个大城市引领着机动化发展，是全国城市道路交通发展态势的风向标。2013年，36个大城市汽车保有量为4796万辆，占全国汽车保有量的34.9%，其中小汽车4439.6万辆，占全国小汽车保有量的43%。36个大城市的机动车、汽车、小汽车分别以9.2%、15.5%和32.5%的速度爆发式增长，比全国平均水平分别高出4.9、1.3和12.7个百分点。机动化的迅猛发展同时刺激着36个大城市用地规模以4%的速度快速扩张。第三，36个大城市交通发展具有方队特点，能够代表我国不同规模城市交通发展水平，客观反映城市交通发展的昨天、今天和明天。36个大城市中既有北京、上海等GDP上万亿、城镇人口上千万、汽车保有量上百万的特大型国际都市，也有拉萨、西宁等人均可支配收入不足2万元、城镇人口低于百万、建成区规模不足百平方公里、汽车仅十万余辆的欠发达城市。36个大城市不同的城市规模、地理地貌、机动化发展阶段和发展结构、交通供需矛盾客观地反映了我国城市的发展特点。特大城市交通发展曾经面临的问题，正在大城市中逐步凸显，也将可能在中小城市蔓延。第四，36 个大城市作为区域中心，基础设施、科技应用及交通管理基础较好，是城市交通管理的关注点和重要抓手。36 个大城市既是区域性的政治经济和文化科技集散地，也是国家和区域交通运输交汇点，代表着我国不同区域城市交通发展特征。且各地交通管理模式各具特点、交通发展相关数据易于获取，有利于作为城市交通管理与研究的突破口。

全书共分 7 章，1 ~6 章分别为我国大城市的社会经济与城市交通、城市车辆、机动车驾驶人、城市道路交通运行、城市道路交通安全、城市交通安全与文明宣传教育，第 7 章总结当前交通管理面临的形势、矛盾和风险，提出了“城市道路交通发展指数”概念，采取聚类分析方法将 36 个大城市分为三类，说明了三类城市的发展特点、所处阶段，并针对性地分步提出相关意见与建议。

由于发达国家机动车以汽车为主，为便于比较，本书的重点对汽车保有情况进行分析。除特别注明外，本书所使用的统计数据分别来源于国家统计局、公安部、住房和城乡建设部、交通运输部等机构发布的统计资料。书中部分数据合计数或相对数由于单位取舍不同而产生的计算误差，未做机械调整。

目　录

第1章　社会经济与城市交通发展

2013年，我国36个大城市新型城市化发展持续推进，与2012年相比，国内生产总值增长了10.6%，城镇居民人均可支配收入平均已超过3万元，同比增长了10.4%。城市规模持续扩张，城市人口继续增长，城市道路、停车设施与人口、车辆的供给矛盾继续加大，加剧了城市出行难、停车难现象。虽然我国已有19个城市开通了城市轨道交通，建成87条运营线路，总里程达到2539 km，但城市公共交通出行尚未得到明显改善，城市道路交通供需矛盾突出的问题仍有待关注和解决。

1.1　城市社会经济

1.1.1　国内生产总值（GDP）

2013年，我国GDP平稳较快增长，总量达56.9万亿元，比2012年增长7.7个百分点，其中，第一产业增加值为5.7万亿元，增长4.0个百分点；第二产业增加值为25.0万亿元，增长7.8个百分点；第三产业增加值为26.2万亿元，增长8.3个百分点。2013年，我国36个大城市的GDP共计23.8万亿元[1]，比2012年增长了10.6%，占全国GDP总量的41.8%。其中，上海、北京、广州、深圳、天津和重庆6个城市GDP均超过1万亿元，上海为21602.1亿元，北京为19500.6亿元，广州为15420.1亿元；成都、武汉、杭州、南京、青岛、大连、沈阳、长沙、宁波、郑州、济

[1] 除拉萨为2012年底的数据，其他城市均为2013年底的数据。

南、哈尔滨和长春13个城市的GDP超过5000亿元，其中成都为9108.9亿元，杭州为8343.5亿元，南京为8011.8亿元；西安、石家庄、福州、合肥、昆明、南昌、厦门、南宁、呼和浩特、太原、乌鲁木齐、贵阳、兰州、银川、西宁、海口和拉萨17个城市的GDP低于5000亿元，其中乌鲁木齐、贵阳、兰州、银川、西宁、海口和拉萨7个城市GDP总和为9678.4亿元，还不到上海、北京GDP的一半，如图1-1所示。

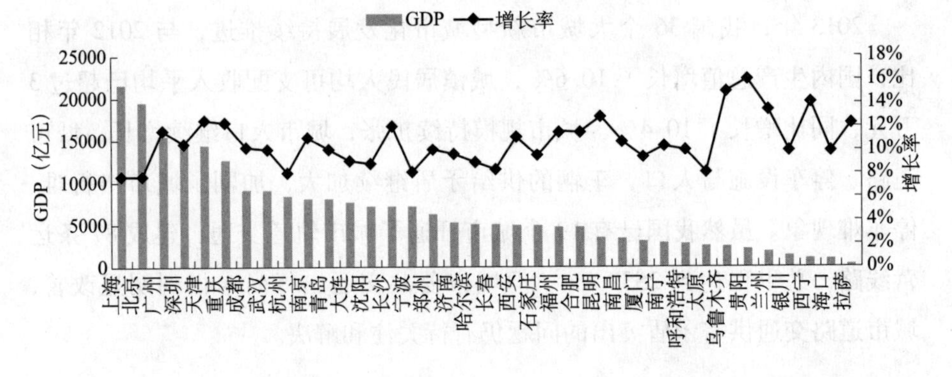

图1-1　全国36个大城市GDP发展情况

数据来源：2013年统计公报。

GDP反映一个城市的经济发展水平，从区域分布来看，东部沿海区域城市的经济发展水平普遍高于中西部地区城市的经济发展水平；从城市GDP与城市人口的对应关系分析，城市GDP超过5000亿元的19个城市中，有16个城市排名在城市人口的前19位。可见，城市经济发展对城市人口具有重要的吸附作用。

2013年，我国36个大城市GDP增长速度均较快，除上海、北京、杭州、宁波、太原、长春、沈阳、哈尔滨、大连、厦门、石家庄、济南和海口13个城市外，其他23个城市的GDP增长率均超过10%，贵阳的增长最快，增速为16%，乌鲁木齐GDP增速也超过了15%。从城市GDP与GDP增长率的对应关系来看，GDP较高城市的GDP增长率低于GDP较低城市的增长率；从区域分布来看，中西部地区城市GDP增长率普遍高于东部沿海区域城市。

从国际城市来看，2011年，东京的GDP为3.1万亿美元（约合人民币19.5万亿元）、纽约为2.7万亿美元（约合人民币16.9万亿元）、伦敦为7303亿美元（约合人民币4.5万亿元）、巴黎为6910亿美元（约合人民币4.3万亿元），同期增幅都在5%以内。2013年，我国上海的GDP为2.1万亿元人民币，位列我国城市GDP总量首位，较上年增长7.7%，但GDP总量仅为2011年东京GDP的11%、纽约的12.8%、伦敦的47.5%、巴黎的50.2%，如图1-2所示。数据说明，虽然上海GDP位居我国榜首，且增长率高于国际大城市，但是GDP总量还有较大的差距。

GDP集中于大城市是世界城市发展的规律。2012年，巴黎的GDP占全法国GDP总量的25.6%，纽约的GDP占全美国GDP总量的8.2%。2013年，上海的GDP仅占我国GDP总量的3.8%。这表明，我国大城市经济发展的中心作用还有待继续提升，以发挥中心城市带动周边城市经济发展的作用。

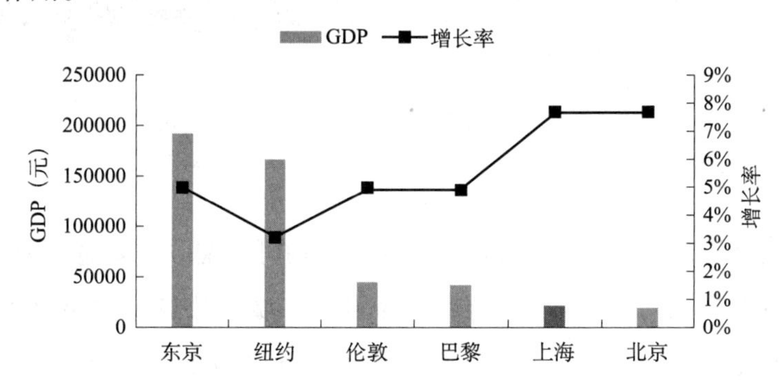

图1-2 世界部分特大城市GDP发展情况

数据来源：国外城市的数据来自维基百科。

1.1.2 城镇居民人均可支配收入

2013年，我国城乡居民收入继续增加，城镇居民人均可支配收入26955元，比2012年增长9.7%。我国36个大城市城镇居民人均可支配收入依然持续增加❶。其中，深圳、上海、广州、宁波、厦门和北京6个城市的城市城镇居民年人均可支配收入超过4万元，深圳为44653元，上海为43851元，广州为42049元；南京、杭州、济南、呼和浩特、青岛、长沙、西安、天津、福州和大连10个城市超过3万元，其中南京为39881元，杭州为39310元，济南为35648元；成都、武汉、沈阳、昆明、合肥、郑州、南昌、长春、石家庄、重庆、哈尔滨、南宁、海口、太原、银川、贵阳、乌鲁木齐、兰州、拉萨和西宁20个城市在3万元以内，其中兰州为20767元，拉萨为19545元，西宁为19444元，如图1-3所示。

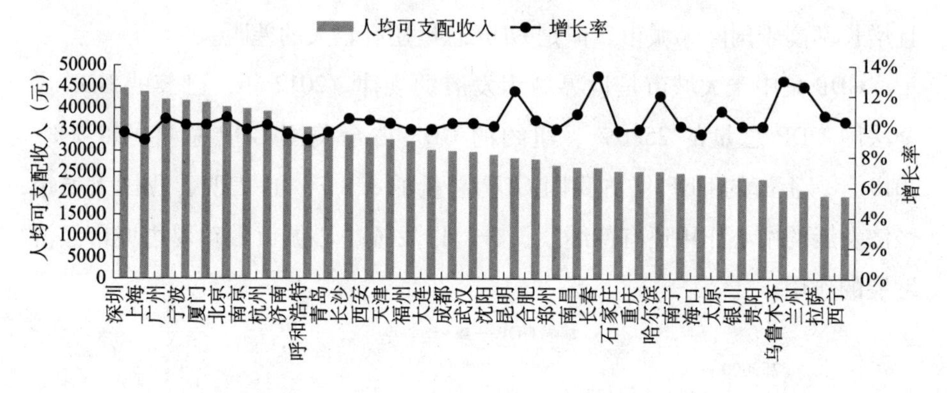

图1-3　全国36个大城市居民可支配收入

数据来源：2013年统计公报。

从城市分布区域来看，城市城镇居民人均可支配收入超过3万元的16个城市中有13个城市为东部沿海区域城市，城市数量比例超过了80%；低于3万元的20个城市中有11个为中西部地区城市，比例超过了50%；深圳的城市城镇居民人均可支配收入排名第一，为西宁的2.3倍。数据表明，我国东部沿海区域城市城镇居民人均可支配收入普遍高于中西部地区城市，并且差距较大。

从城市城镇居民人均可支配收入增长率来看，与上年相比，我国36个

❶　拉萨为2012年底的数据，其他城市为2013年底的数据。

大城市中，除上海、呼和浩特 2 个城市外的 34 个城市城镇居民人均可支配收入增长速度均超过了 9.5%。城市城镇居民人均可支配收入超过 3 万元的 16 个城市中，有 8 个城市增长率超过了 10%；而低于 3 万元的 20 个城市中有 16 个城市的增长率超过了 10%；长春、乌鲁木齐、兰州、昆明和哈尔滨 5 个城市的增长率超过了 12%，长春为 13.3%，乌鲁木齐为 13.0%，兰州为 12.6%。数据说明，我国城市城镇居民人均可支配收入普遍增长较快，收入较低城市的增长率高于收入较高城市的增长率，中西部地区城市增长率普遍高于东部沿海区域城市。

居民可支配收入可以表征居民的购买能力，其高低可以区分一些物品属于必需品还是奢侈品。在美国，汽车一般认为是必需品，而在不发达国家和部分发展中国家，汽车被认为是奢侈品。以线性拟合结果为例，对于千人民用汽车拥有率、千人私车拥有率和人均可支配收入关系而言，居民人均可支配收入每增加 1000 元，我国的民用汽车千人拥有、千人私车拥有就增加 3 辆，这也解释了近年来我国汽车拥有属性基本向私人个体转化的现象。2013 年，我国城市居民人均可支配收入达到 26955 元，每 1000 人就拥有 102 辆汽车，其中私人汽车高达 80 辆/千人，人均收入提高了 8 倍，车辆人均拥有水平提高 13 倍，私人汽车拥有水平提高了 40 倍，如图 1－4 所示。从近几年的汽车保有量增长情况也可以看出，随着我国 36 个大城市居民可支配收入的逐年提升，国民汽车购买能力逐渐增强，居民可支配收入与居民购买能力成正比，并且对城市交通出行需求、交通出行结构产生了较大的影响。

1.1.3　城市交通建设财政投入资金和比例

为便于计算，本书以城市轨道交通和道路桥梁投入作为参照来比较我国 36 个大城市交通建设财政投入的情况。据 2012 年《中国城市建设统计年鉴》统计，北京、武汉、天津、成都、重庆、沈阳、南京和上海 8 个城市的城市交通投入超过 200 亿元，其中北京为 720.8 亿元，武汉为 514.0

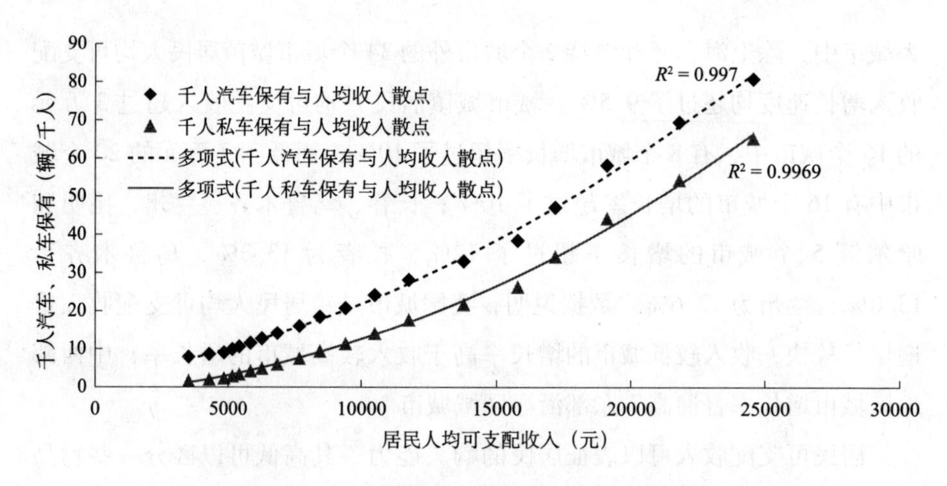

图 1-4　人均收入与千人民用、私车保有关系

亿元，天津为 396.6 亿元；南昌、深圳、长春、宁波、广州、西安、杭州、哈尔滨和兰州 9 个城市超过 100 亿元，其中南昌为 193.3 亿元，深圳为 172.0 亿元，长春为 169.6 亿元；长沙、青岛、郑州、福州、贵阳、大连、石家庄、南宁、合肥、济南和呼和浩特 11 个城市超过 50 亿元，其中长沙为 93.5 亿元，青岛为 91.8 亿元，郑州为 86.6 亿元；另外还有乌鲁木齐、昆明、厦门、海口、西宁、太原、银川和拉萨 8 个城市的城市交通投入低于 50 亿元，其中太原为 23.9 亿元，银川为 6.7 亿元，拉萨为 3.9 亿元，如图 1-5 所示。从我国 36 个大城市地区差异来看，城市交通建设财政投入超过 100 亿元的 17 个城市中有 12 个为东部沿海区域城市，投入低于 50 亿元的 8 个城市中有 6 个为中西部地区城市，北京投入量最高，为太原的 30.2 倍，为银川的 107.6 倍，为拉萨的 184.8 倍，由此可见，地区差异较为显著。从城市交通建设财政投入占城市市政公用设施投入的比例来看，36 个大城市中，拉萨、贵阳、成都、宁波、深圳、杭州、长春、南宁、大连、兰州、南京和郑州 12 个城市的交通投入超过城市市政公用设施建设固定资产投资的 80%，拉萨为 100%，贵阳为 95.8%，成都为 95.6%。哈尔滨、厦门、乌鲁木齐和太原 4 个城市的投入比例低于 50%，乌鲁木齐为

21.1%，太原为19.8%。数据分析说明，东部沿海区域城市的城市交通建设财政投入明显高于中西部地区城市。

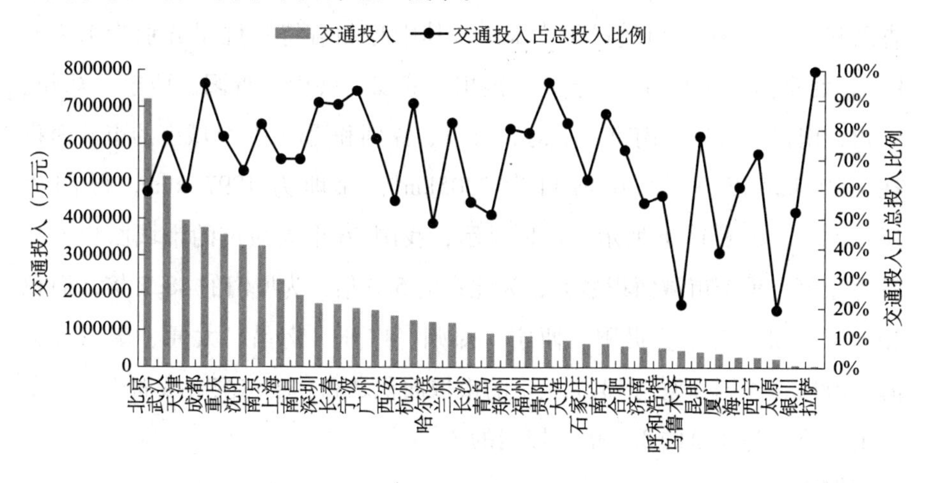

图1－5　全国36个大城市交通投入情况

数据来源：《中国城市建设统计年鉴2012》。

综上分析，各城市政府对城市交通发展投入都比较重视，把城市轨道和道路交通建设作为一项重要工作，但是这些投入并不包含道路交通管理及安全设施资金；目前我国城市交通发展还处于建设期，随着轨道交通的规划建设，城市交通投入还将继续增长，国外发达国家大城市交通已基本完成快速建设期，已逐步转向维护管理期，因此，由建设逐步向养护转化，也将是我国大城市道路交通未来的发展走向。

1.2　城市规模

1.2.1　全市总面积和城区建成区面积

1. 城市市域面积

我国36个大城市中，以城市市域面积统计，重庆、哈尔滨、南宁、拉萨、昆明、长春和石家庄7个城市的市域面积超过2万km^2，其中重庆为

8.2 万 km^2，哈尔滨为 5.4 万 km^2，南宁为 3.3 万 km^2；呼和浩特、杭州、北京、乌鲁木齐、大连、兰州、沈阳、成都、福州、天津、长沙、合肥、青岛和西安 14 个城市超过 1 万 km^2，其中呼和浩特和杭州分别为 1.7 万 km^2，北京为 1.6 万 km^2；宁波、银川、武汉、济南、贵阳、西宁、郑州、广州、南昌、太原、南京、上海、海口、深圳和厦门 15 个城市的市域面积在 1 万 km^2 以下，其中海口为 2305km^2，深圳为 1997 km^2，厦门为 1699 km^2，如图 1－6 所示。数据显示，我国 36 个大城市的市域面积差异较为显著，重庆市域面积最大，为北京的 5.0 倍，为厦门的 48.5 倍，面积相当于武汉、济南、贵阳、西宁、郑州、广州、南昌、太原、南京、上海、海口、深圳和厦门 13 个城市的市域面积之和。哈尔滨市域面积位居全国第二位，为北京的 3.3 倍、厦门的 31.7 倍。

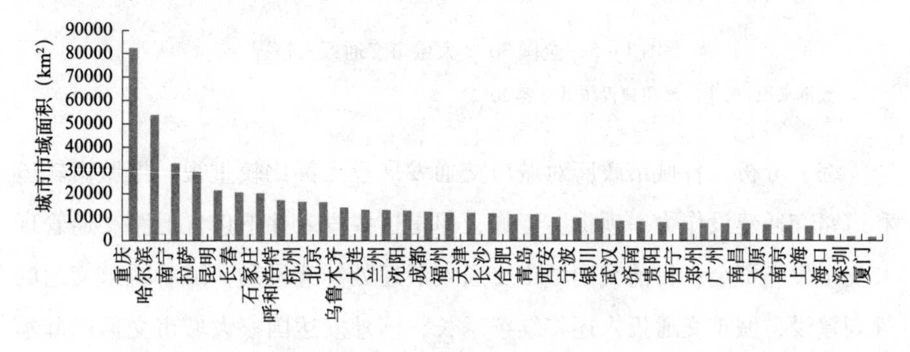

图 1－6　全国 36 个大城市市域面积

数据来源：各城市相关政府官网，2013。

2. 城市市区面积

以城市市区面积统计，重庆、北京、乌鲁木齐、武汉、天津、哈尔滨、南宁和上海 8 个城市的市区面积超过 5000 km^2，其中重庆为 26041.2km^2，北京为 16410.0 km^2，乌鲁木齐为 14216.3 km^2；长春、南京、昆明、广州、西安、沈阳、济南、杭州、大连、海口、宁波、贵阳、银川、成都和呼和浩特 15 个城市的市区面积超过 2000 km^2，其中长春为 4789.0 km^2，南京为 4733.1 km^2，昆明为 4279.3 km^2；深圳、福州、兰州、厦门、拉萨、太原、青岛、郑州、长沙、合肥、南昌、石家庄、西宁13个城市市区面积在2000 km^2以内，其中南昌为579.2 km^2，石家庄为455.8 km^2，西宁为380.0 km^2。数据显示，我国4个直辖市的市区面积均超过5000 km^2，4个直辖市的市区面积之和占36个大城市市区面积总和的36.1%。我国36个大城市市区面积有较大差异，重庆市区面积最大，为广州的6.8倍，为西宁的68.5倍；北京市区面积位居全国第二位，为广州的4.3倍，为西宁的43.2倍。

3. 城市建成区面积

以城市建成区面积统计，北京、重庆、上海、广州、深圳、天津、南京和武汉8个城市的建成区面积超过500 km^2，其中北京为1231.3 km^2，重庆为1034.9 km^2，上海为998.8 km^2；成都、杭州、沈阳、长春、大连、乌鲁木齐、哈尔滨、济南、郑州、西安、合肥、昆明和太原13个城市的建成区面积超过300 km^2，其中成都为483.4 km^2，杭州为433.0 km^2，沈阳为430.0 km^2；青岛、宁波、长沙、厦门、福州、南宁、石家庄、南昌、兰州、呼和浩特、贵阳、银川、海口、西宁和拉萨15个城市的建成区面积在300 km^2以下，其中海口为97.5 km^2，西宁为75.0 km^2，拉萨为62.9 km^2。数据显示，我国4个直辖市的城市建成区面积均超过了500 km^2，4个直辖市建成区面积之和为我国36个大城市建成区面积总和的27.0%；我国36个大城市建成区面积差异显著，北京城市建成区最大，为哈尔滨的3.4倍，为拉萨的19.6倍。

以城市建成区占城市市区总面积的比例统计，石家庄、深圳、南昌、郑州、合肥、长沙、广州、成都、青岛和太原10个城市建成区面积超过了市区总面积的20%，其中石家庄的比例为46.2%，深圳的比例为42.3%，南昌的比例为35.9%；西宁、上海、厦门、大连、杭州、南京、福州、沈阳、兰州、宁波和济南11个城市建成区面积超过了市区总面积的10%，其中西宁为19.7%，上海为15.8%，厦门为15.7%，如图1-7所示。数据表明，我国城市建成区面积占城市市区面积的比例普遍较大，并且有继续扩张的趋势。据统计分析，近20年以来，我国城市建成区面积约以4%的速度向外扩张，远高于发达国家城市建成区面积约1.2%的增长速度。从我国36个大城市建成区面积占城市面积的比例来看，应从城市环境、城市生态、城市交通等方面综合考虑，适当控制城市扩张速度。

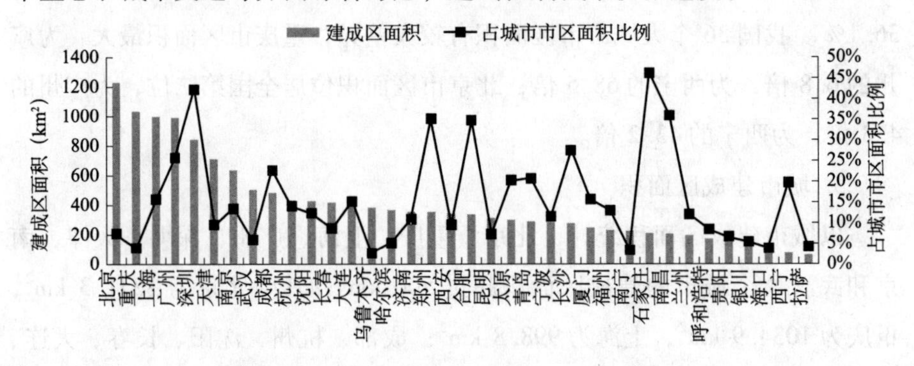

图1－7　全国36个大城市建成区面积

数据来源：《中国建设年鉴2011》。

1.2.2　城市总人口和市区常住人口

2013年，我国总人口为136072万人（不包括港澳台），比2012年末增加668万人，其中市区常住人口为73111万人，占总人口比重为53.73%，比2012年末提高1.16个百分点。

1. 市域常住人口

我国36个大城市中，以市域常住人口统计，超过1000万的城市有3个，上海最高，达到了2347.5万人，北京次之，为2018.6万人，重庆第三，为1578.7万人；武汉、天津、广州、西安、南京、成都、沈阳、哈尔滨、杭州、长春、济南、昆明、郑州和大连14个城市超过300万，其中武汉822.0万人，天津813.7万人，广州670.4万人；长沙、太原、青岛、南宁、深圳、石家庄、乌鲁木齐、合肥、宁波、贵阳、南昌、兰州、福州、厦门、海口、呼和浩特、西宁、银川和拉萨19个城市人口在300万以下，其中西宁为119.3万人，银川为97.2万人，拉萨为22.5万人，如图1－8所示。数据显示，由于地理环境、气候条件、社会经济以及历史文化等方面存在的差异，我国36个大城市人口总量差异显著，超过300万人的17个城市中，有12个为东部沿海区域城市。上海人口最多，为武汉的2.9倍、哈尔滨的5.0倍、拉萨的104.3倍。

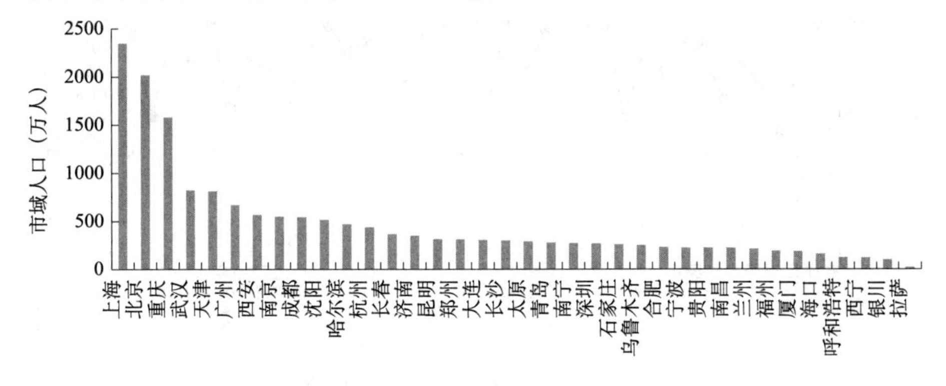

图1－8　全国36个大城市市域人口

数据来源：《中国建设年鉴2011》。

2. 市区常住人口

以市区人口统计，人口超过1000万的城市有2个，上海为2347.5万人，北京为1740.7万人；重庆、天津、广州、武汉、南京、沈阳、成都、哈尔滨、西安和郑州10个城市的市区人口超过300万，其中重庆840.1万人，天津597.8万人，广州560.6万人；长沙、长春、太原、济南、青岛、杭州、大连、深圳、乌鲁木齐、昆明、石家庄、南昌、合肥、福州、兰州、南宁、贵阳、厦门、宁波、呼和浩特、西宁、银川、海口和拉萨24个城市的市区人口在300万以下，其中银川97.0万人，海口96.9万人，拉萨21.5万人，如图1－9所示。数据显示，我国36个大城市城区人口占市区人口的比例均超过了50%，上海、郑州、长沙、青岛、深圳、乌鲁木齐、呼和浩特、银川、福州、太原、拉萨、南昌、沈阳和南京14个城市的比例超过了90%，说明我国城市城区人口相对城市市区人口的比例普遍较高，这也符合近年来我国城市化快速发展的规律。值得强调的是，上海、北京、重庆和天津4个直辖市的市域总人口为6758.5万人，占36个大城市人口数量的40%；市区总人口数量为5526万人，占36个大城市的39.5%。可见，我国4个直辖市与其他大城市相比，人口规模和吸引力仍然巨大。

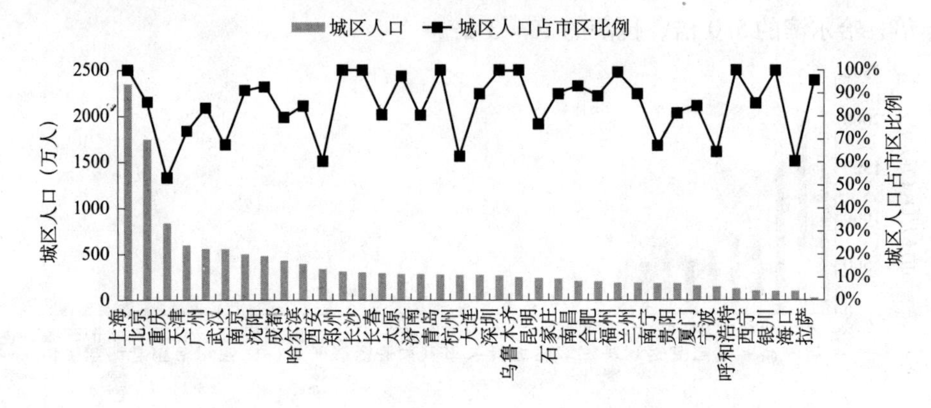

图1-9　全国36个大城市城区人口

数据来源：《中国建设年鉴，2011》。

1.2.3　城市化发展水平

城市化率（城市化发展水平）通常用城市人口和镇驻地聚集区人口占全部人口（人口数据均用常住人口而非户籍人口）的百分比来表示。由于未能完全获取36个大城市的城市化率，因此，采用我国31个省、市、自治区的数据进行分析。

2013年，我国城市化率全国平均为53.73%（国家统计局）。据中国经济网统计[1]，截至2013年底，我国有18个省（市、区）的城市化率超过了50%，12个省（市、区）的城市化率在35%～50%之间。其中，上海的城市化率达到88.02%，排名第一；北京以86.3%紧随其后；天津以78.28%排名第三，另外还有广东、辽宁、浙江、江苏、福建、内蒙古、重

[1] 因未搜集全36个大城市的城市化率数据，故采用我国31个省市区的城市化率数据。

庆、黑龙江、湖北和吉林 10 个省（区）的城市化率超过了全国平均水平，如图 1－10 所示。

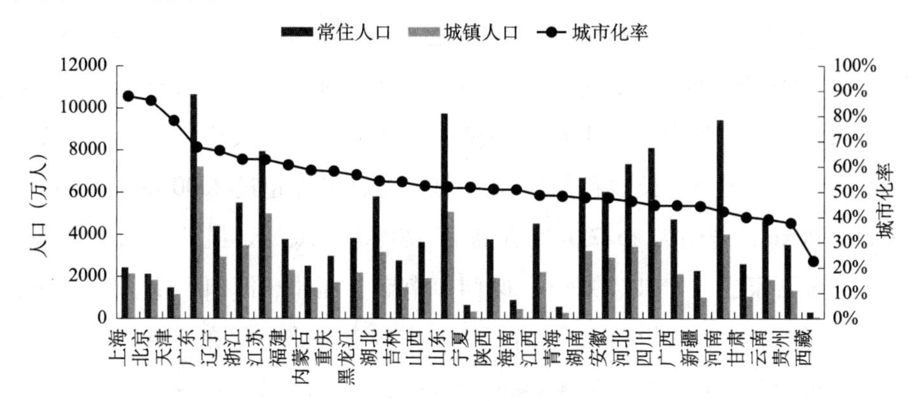

图 1－10　2013 年我国 31 个省级行政区城市化率

注：图中横线为我国平均城市化率。

数据来源：中国经济网。

数据显示，从我国平均城市化率来看，我国城市化发展基本上达到了世界平均水平，但是各地发展并不均衡，经济发展较快的直辖市、东部沿海省份城市化发展较快，而经济发展相对迟缓的西部和内陆省份城市化率发展水平较低。上海的城市化率最高，为贵州的 2.3 倍、西藏的 3.9 倍。

另外，同发达国家和地区比较，我国推进城市化进程的任务还很艰巨。一般来讲，发达国家城市化率高于 95%，中等发达国家和地区的城市化率已经达到 85%，我国目前城市化水平总体不高，要成为一个工业化、现代化的国家，城市化进程必须加快，并且，城市化发展应成为带动国民经济发展的新常态动力。

1.3　城市道路

1.3.1　城市道路里程与道路面积

1. 城市道路里程

2013 年，我国城市道路总里程为 33.6 万 km，比 2012 年增长了 2.8%。我国 36 个大城市城市道路总里程为 94137 km，占全国城市道路总里程的 28.0%。其中，超过 5000 km 的城市有 6 个，广州市道路里程最高，为 7081km，深圳、北京紧随其后，分别为 6626 km 和 6258 km，另外还有天津、南京和重庆；上海、济南、青岛、沈阳、大连、武汉、成都、长春、西安、杭州、长沙和合肥 12 个城市道路里程超过 2000 km，其中上海为 4708km，济南为 4627km，青岛为 3705km；太原、昆明、乌鲁木齐、哈尔滨、石家庄、宁波、郑州、厦门、南宁、福州、海口、南昌、兰州、贵阳、呼和浩特、银川、西宁和拉萨 18 个城市道路里程在 2000 km 以下，其中银川为 551km，西宁为 450km，拉萨为 279km，如图 1－11 所示。数据显示，我国 36 个大城市道路里程差异较大，东部沿海区域城市道路里程高于中西部地区城市，且差距较大，广州城市道路里程最高，为沈阳的 2.4 倍、银川的 12.9 倍。

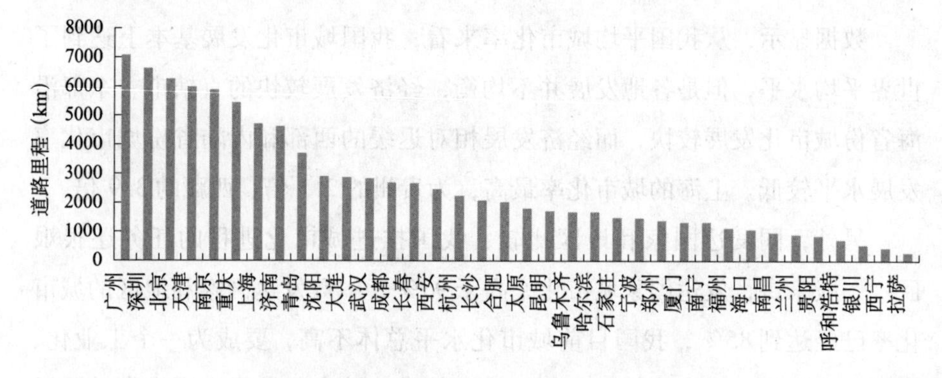

图 1－11　全国 36 个大城市道路里程

数据来源：《中国建设年鉴 2011》。

2. 城市道路面积

2013 年，我国城市道路总面积为 6441.5 km^2，比 2012 年增长了 6.0%。我国 36 个大城市城市道路面积总和为 1769.3 km^2，占全国城市道路总面积的 27.5%，其中，超过 90 km^2的城市有 7 个，重庆市道路面积最高，为 108.7 km^2，天津、南京、广州分别为 104.9 km^2、104.6 km^2 和 100.5 km^2，另外还有上海、北京、深圳；武汉、成都、青岛、济南、沈阳、长春和西安7个城市道路面积超过50 km^2，其中武汉 7726 km^2，成都 6715 km^2，青岛 6605 km^2；杭州、合肥、石家庄、哈尔滨、大连、昆明、长沙、郑州、厦门、南宁、太原、宁波、福州、海口、兰州、乌鲁木齐、南昌、银川、呼和浩特、贵阳、西宁和拉萨22个城市道路面积在50 km^2 以下，其中贵阳为1348万 m^2，西宁为754万 m^2，拉萨为533万 m^2，如图1－12所示，数据表明，东部沿海区域城市的道路面积一般高于中西部地区城市，如南京城市道路面积为西宁的13.9倍。

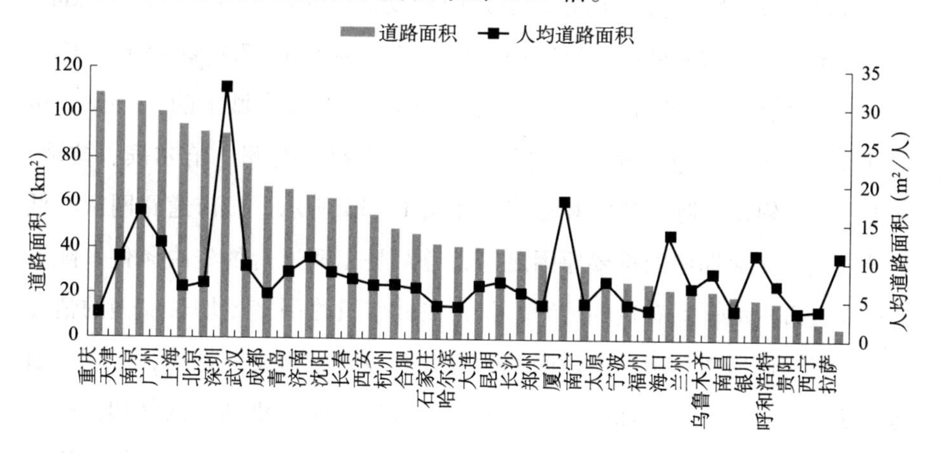

图1－12 我国大城市道路面积与人均道路面积

数据来源：《中国城市统计年鉴2013》、国家统计局，缺少拉萨的数据。

3. 城市人均道路面积

从人均道路面积统计，依据城市城区道路面积和城区人口计算，36个大城市中，深圳人均道路面积最高，为32.5 m^2/人，厦门次之，为18 m^2/人，南京第三，为16.4 m^2/人；海口、广州、银川、拉萨、天津和济南6个城市在10～15 m^2/人。根据我国《城市道路交通规划设计规范》GB 50220－95规定，城市人口人均占用道路用地宜为7～15 m^2，西安、大连、兰州、上海、合肥、长沙、成都、南宁、宁波、郑州、石家庄、哈尔滨、西宁、福州、南昌、贵阳和重庆 17 个城市人均道路面积都低于 7 m²/人，如图 1 – 13 所示。数据说明，目前我国 36 个大城市中约有一半的城市人均道路面积达不到国家标准的建议范围。与伦敦（24.5 m²/人）和新加坡（98 m²/人）等国外大城市对比，我国城市还存在较大的差距。

4. 城市道路网密度

从城市道路网密度分析，36 个大城市中，仅有济南、青岛和海口 3 个城市道路网密度超过 10 km/km²，但远低于东京（18.7 km/km²）和纽约（17.0 km/km²）。我国《城市道路交通规划设计规范》GB 50220 – 95 规定，人口超过 200 万的大城市，道路网密度规范值为 5.4 ~ 7.1 km/km²，人口小于 200 万的大城市，道路网密度规范值为 5.3 ~ 7.0 km/km²。按照这个标准，有 14 个城市都低于规范值的下限，占 36 个城市的 38.9%，包括重庆、杭州、宁波、北京、福州、上海、南昌、兰州、哈尔滨、拉萨、乌鲁木齐、银川、呼和浩特和郑州，如图 1 – 13 所示。城市道路网密度低是导致城市交通拥堵的重要原因之一，道路是车辆通行的先决条件，随着近年来城市机动车保有量的持续增长，在城市道路网密度增长缓慢的情况下，道路交通压力越来越大。因此，为有效缓解城市交通拥堵，保障交通运行秩序，一方面需要加强城市交通需求管理，减少机动车的使用，鼓励选取公共交通方式；另一方面，也要逐步提高城市道路网密度，加快城市道路设施建设与完善。

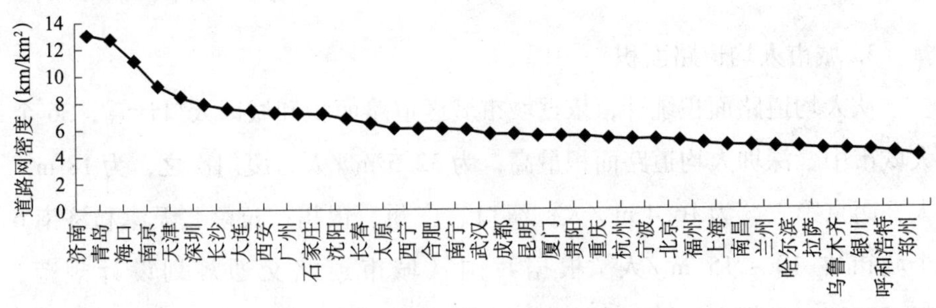

图 1 – 13　全国 36 个大城市道路密度

数据来源：《中国城市建设年鉴 2011》。

5. 城市车均道路里程

从城市汽车车均道路里程分析，36个大城市中，超过3m/辆的城市有9个，济南最高，为5.1m/辆，另外还有南京、深圳、青岛、重庆、大连、广州、长春和合肥；海口、长沙、乌鲁木齐、兰州、沈阳、天津、哈尔滨、石家庄、拉萨、福州、南宁、西宁、上海、武汉、南昌和太原16个城市超过2.0m/辆，其中海口为3.0m/辆，长沙和乌鲁木齐均为2.8 m/辆；厦门、宁波、昆明、成都、银川、西安、贵阳、呼和浩特、杭州、北京和郑州11个城市车均道路里程不足2m/辆，杭州为1.3 m/辆，北京和郑州均为1.2 m/辆，如图1－14所示。车均道路里程在一定程度上可以反映城市道路网机动车承载能力，在城市机动车使用强度一定的前提下，提高城市车均道路里程，可以提升道路网机动车承载力，车均道路里程越大，道路网机动车承载能力相对越高，反之，相对较低。因此，车均道路里程可以作为制定或出台城市交通管理政策与措施的决策参考。

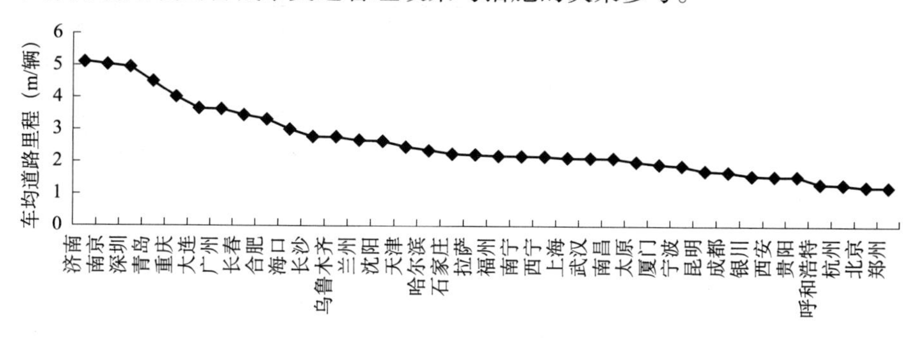

图1－14　全国36个大城市车均道路里程

数据来源：《中国城市建设年鉴2011》。

1.3.2　城市路网级配关系

目前，我国36个大城市的城市道路级配结构总体欠佳，主要体现在重视快速路、主干路建设，而较为忽略次干路和支路建设，造成了城市路网结构和利用的失衡。《城市道路交通规划设计规范》（GB 50220－95）规定，人口超过200万的大城市，城市快速路、主干路、次干路和支路的比例建议值为1:2:3:7.5，人口小于200万的大城市，城市快速路、主干路、次干路和支路的比例建议值为1:2.7:4:10。从笔者收集到的城市道路网数据来看，上海道路网结构较为合理，基本符合国家标准建议的范围，而长沙、南京、南昌和郑州等城市次干路和支路的比例相对较低，如表1-1所示。在道路长度和道路网密度一定的条件下，道路网级配结构的不合理，也将成为城市交通运行效率不高的重要原因。

全国部分城市道路级配关系 **表1-1**

城市	快速路（km）	主干路（km）	次干路（km）	支路（km）	级配比例
北京（2013）	263	865	648	4495	1:3.3:2.5:17.1
上海（2013）	199	675	965	3026	1:3.9:4.9:15.2
重庆（2012）	356	568	899	1732	1:1.6:2.5:4.9
济南（2013）	46	374	210	236	1:8.1:4.6:5.1
昆明（2013）	146	395	344	862	1:2.7:2.4:5.9
宁波（2013）	8	186	131	287	1:23.3:16.4:35.9
杭州（2012）	81	316	175	541	1:3.9:2.2:6.7
长沙（2012）	63	434	315	35	1:6.9:5.0:0.6
广州（2011）	260	324	375	1066	1:1.3:1.4:4.1
南京（2011）	226	629	732	884	1:2.8:3.2:3.9
深圳（2011）	367	1037	848	3930	1:2.8:2.3:10.7
南昌（2013）	0	571	1277	852	0:1:2.2:1.5
成都（2013）	79	298	141	2634.75	1:3.8:1.8:33.3
太原（2013）	105	300	192	1305	1:2.9:1.8:12.4
长春（2013）	70	516	462	1874	1:7.4:6.6:26.8
郑州（2013）	191	551	213	421	1:2.9:1.1:2.2
南宁（2013）	40	313	202.8	402.7	1:7.8:5.1:10.1

数据来源：各城市交通发展年报。

实践表明，城市路网级配的不合理，容易造成路网机动车通行秩序混乱、通行效率低下，机动车与非机动车和行人的冲突明显，交通事故隐患增加等。如果路网级配结构中次干路的比例偏低，那么容易形成支路直接连通到主干路，缺乏过渡性连接设施，支路上的交通流量汇集到主干路缺少缓冲，造成主干路局部通行压力较大；如果路网级配结构中支路的比例偏低，那么容易造成次干路充当支路的作用，次干路本身的道路功能缺失，不仅造成机动车通行系统的不畅通，也会引起非机动车交通系统的不连续。

数据分析显示，北京、济南、昆明、宁波、杭州、长沙、深圳、成都、太原、长春、郑州 11 个城市的路网次干路比例偏低，占统计城市的 68.8%，次干路里程严重不足，还不及城市主干路里程，容易造成支路与主干路直接相连通，缺少缓冲，引发路网局部的交通拥堵。济南、杭州、长沙、南京、南昌 5 个城市的路网支路严重不足，支路里程不及主干路里程的两倍，与国家标准的要求相差甚远，容易导致次干路充当支路的功能，引发道路网功能结构失衡。

1.4　城市公共交通

1.4.1　城市地面公共交通标台数及客运量

2013 年，我国城市地面公共汽（电）车 446604 辆，比 2012 年增长了 6.5%。我国城市公共汽（电）车客运总量为 716.3 亿人次，比 2012 年增长了 2.1%。

1. 城市公共汽（电）车数量

按照城市公共汽（电）车统计，我国 36 个大城市中（除重庆、拉萨数据未统计），超过 1 万标台的城市有 4 个，深圳最高，达到了 29846 标台，北京、上海、广州分别为 22146 标台、16695 标台和 12211 标台，分别位列第二、第三和第四；成都、天津、西安、杭州、武汉、南京、郑州、哈尔滨、青岛和沈阳 10 个城市地面公共交通标台数超过 5000 标台，其中成都 9890 标台，天津 8351 标台，西安 7695 标台；大连、济南、昆明、长春、石家庄、宁波、乌鲁木齐、厦门、南昌、长沙、合肥、福州、太原、南宁、兰州、贵阳、呼和浩特、西宁、海口和银川20个城市的公共汽（电）车在5000标台以内，其中西宁为1867标台，海口为1624标台，银川为1615标台，如图1－15所示。

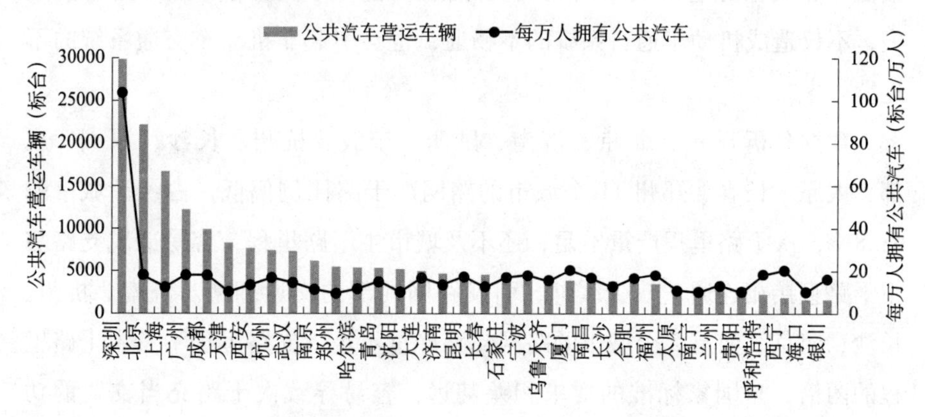

图1－15　我国大城市公共汽（电）车数量

数据来源：《中国城市统计年鉴2013》，缺少重庆、拉萨的数据。

2. 人均公共汽（电）车数量

从城市人均公共汽（电）车统计，仅深圳、厦门、西宁3个城市超过2标台每千人，14个城市超过1标台每千人，分别为呼和浩特、福州、北京、广州、宁波、成都、昆明、石家庄、南昌、杭州、合肥、大连、银川和乌鲁木齐，其他17个城市均低于1标台每千人，如图1－15所示。我国《城市道路交通规划设计规范》GB 50220－95规定，城市公共汽车与电车的规划拥有量，大城市应每800～1000人一辆标准车。由此来看，我国大部分城市人均拥有公共汽车率还不高。

近年来，随着我国城市交通问题越来越突出，政府部门非常关注公共交通的发展，当前公共交通发展面临一些现状问题，例如，公共交通乘客舒适性差、车辆准点到达性较差、发车间隔较大等，严重阻碍了公共交通的健康发展，公共交通出行分担率不高，并且一部分公共交通乘客转向了小汽车出行方式，这对城市交通的可持续发展具有非常不利的影响。因此，加快发展城市公共交通发展，要从提升公共交通乘客的舒适性，保障公共交通到达的准点性，缩减公共交通发展间隔等多方面增加公共交通出行吸引力。

3. 城市公共汽（电）车客运量

从城市公共汽（电）车客运量统计，北京、上海、深圳、广州、西安、武汉、成都、天津、杭州、哈尔滨、沈阳、南京、大连和厦门14个城市公共汽（电）车客运量超过10亿人次，其中，北京年客运量最高，达到了51.5亿人次，是第二位上海年客运量的近2倍，深圳、广州2个城市年客运量也超过了26亿人次；郑州、青岛、福州、济南、乌鲁木齐、昆明、长沙、长春、合肥、石家庄和贵阳11个城市公共汽（电）车客运量超过6亿人次，郑州为9.8亿人次，青岛为9.5亿人次，福州为8.9亿人次；南昌、南宁、太原、宁波、西宁、呼和浩特、海口、银川、拉萨和兰州10个城市公共汽（电）车客运量在6亿人次以内，银川为2.6亿人次，拉萨为6772万人次，兰州为2618万人次，如图1-16所示。

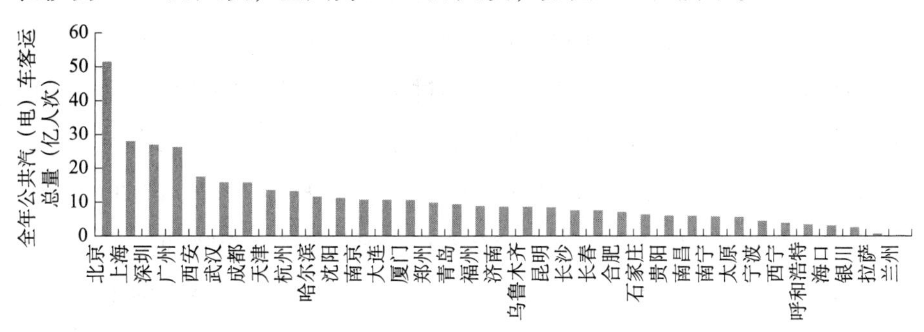

图1-16　我国大城市公共汽（电）车客运总量

数据来源：《中国城市统计年鉴2013》，缺少重庆的数据。

经过对各城市地面公共交通标台数和客运量的数据比对发现，厦门、贵阳、福州、北京、西安、乌鲁木齐、沈阳、武汉、广州、大连和哈尔滨11个城市的每标台公共交通平均年承担了20万人次以上的客运量，厦门为27.2万人次/标台，其次，贵阳为26.5万人次/标台，福州为25.5万人次/标台。统计的34个大城市每标台公共交通平均年承担客运量的均值为18.5万人次/标台，济南、太原、昆明、郑州、杭州、青岛、南京、上海、长春、天津、银川、成都、南昌、呼和浩特、石家庄、宁波、深圳和兰州18个城市的每标台公共交通平均年承担客运量低于18.5万人次/标台，宁波为11.1万人次/标台，深圳为9.0万人次/标台，兰州为1.0万人次/标台。数据表明，我国大城市在城市地面公共交通车辆的利用率方面存在差异，这与城市居民出行习惯、城市流动人口数量、地面公共交通车辆数量，以及公交线路的规划都具有较大的关系。

1.4.2 城市地面公交专用车道

发达国家和地区的经验表明，公交优先措施是解决城市交通拥堵的有效方法，设置公共交通专用车道是保障公交优先的关键措施之一。

截至2013年底，我国共有28个省（自治区、直辖市）开通公交专用车道，公交专用车道总长度达5890.6 km，比2012年增长了12.1%。全国各省（市、区）公交专用车道平均长度为190.0 km，全国31个省（自治区、直辖市）中，公交专用车道长度超过全国平均水平的省份有9个，依次为广东、山东、江苏、辽宁、四川、北京、浙江、陕西和湖南，其中广东为852.5 km，山东为809.2 km，江苏为765.3 km；上海、山西、福建、吉林、安徽和云南6个省（市）公交专用车道长度超过100 km，低于全国平均水平；新疆、宁夏、湖北、天津、河北、黑龙江、江西、河南、内蒙古、贵州、广西和甘肃12个省（市、区）低于100 km，如图1－17所示。

我国36个大城市中已有32个城市开通了公交专用车道，累计长度为3608.3 km，占全国公交专用车道总长度的61.3%，36个大城市平均公交专用车道长度为100.2 km，成都、深圳、北京、广州、西安、上海、沈阳、长沙、济南、太原、大连和昆明12个城市公交专用车道长度超过36个城市的平均水平，其中，成都431.8 km，深圳376 km，北京365.6 km；

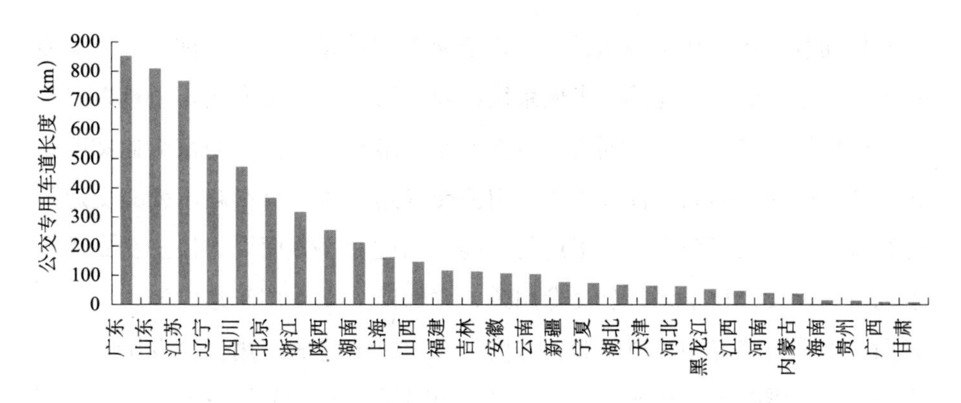

图1－17　我国部分省份公交专用车道长度

数据来源：《中国城市客运发展报告2013》。

长春、杭州、南京、青岛、银川、天津、乌鲁木齐和厦门8个城市公交专用车道长度低于36个城市的平均水平但高于50 km；哈尔滨、宁波、石家庄、福州、合肥、武汉、郑州、呼和浩特、南昌、海口、贵阳和兰州12个城市的公交专用车道长度低于50 km，其中，海口为15 km，贵阳为13.4 km，兰州为8.9 km，如图1－18所示。

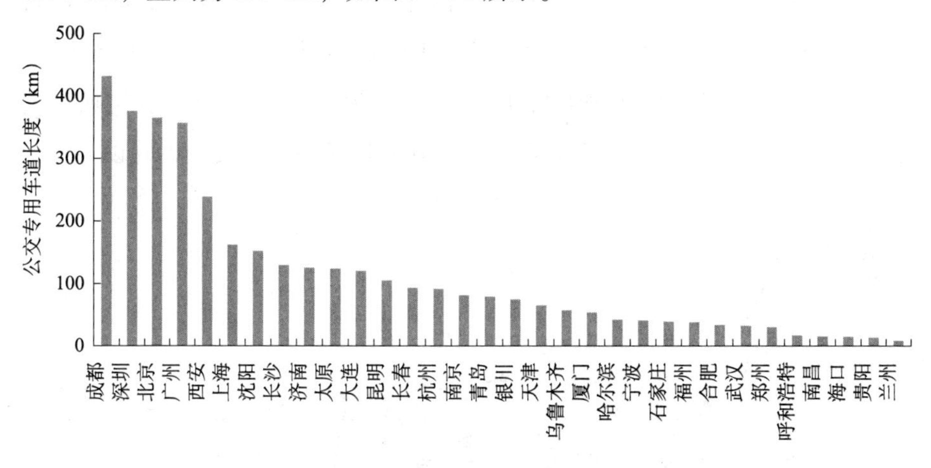

图1－18　我国大城市公交专用车道长度

数据来源：《中国城市客运发展报告2013》。

虽然目前我国36个大城市中有32个城市开通并施划了公交专用车道，

但总体而言，还存在一些问题。一是公交专用道设置尚未成网络。公交专用车道零星分散，不连续，未成系统，断断续续的公交专用车道难以发挥有效的作用；二是社会车辆占用公交专用车道现象。由于当前交通文明意识整体水平还不够高，社会车辆占用公交专用车道严重影响了公共交通的运行效率，降低了公交专用车道的效能。因此，一方面要加快公交专用车道网络的建设，科学设置公交专用道，并保障公交专用车道的连续，另一方面，加强公交专用车道的监管力度，有力打击违法占用公交专用车道的违法行为，维护公共交通的通行秩序，切实保障公交优先。

1.4.3 轨道交通线路条数、里程及客运量

截至2013年底，我国城市轨道交通运营线路总长度为2408 km，比2012年增长了17.0%，轨道交通客运总量为109.2亿人次，比2012年增长了25.1%。

截至2013年底，我国共计有19个城市开通了城市轨道交通，以轨道运营里程统计，上海以577.18 km位居首位，北京次之，为465 km。以轨道开通条数统计，北京和上海均超过了10条，4个城市各开通1条线路，分别为杭州、郑州、哈尔滨和佛山，如图1－19所示。目前，我国城市轨道交通还处于发展期，还有12个城市正在开展城市轨道交通的建设。

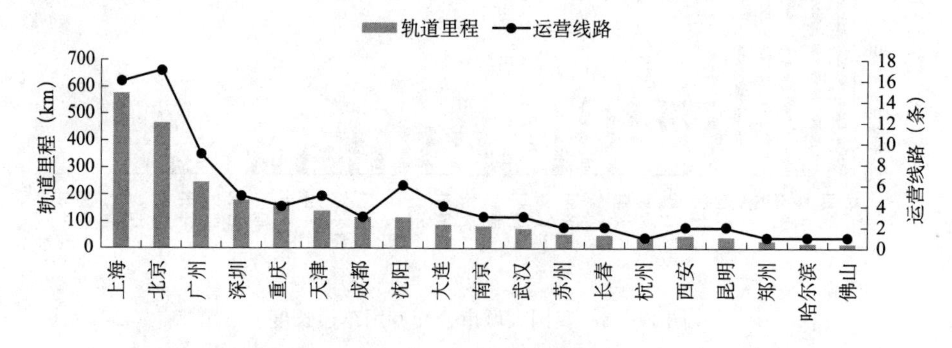

图1－19 全国城市轨道交通运营里程与数量

数据来源：各城市地铁网站，2013。

一般来讲，城市轨道交通包括地铁、轻轨、单轨、现代有轨电车、磁浮交通、市域快轨（郊区铁路）等多种方式。《城市轨道交通研究》的数据显示，近 10 年来，我国城市地铁的份额在整个城市轨道交通体系中比重占到了 80% 左右，造成这种现象的原因，主要是各城市政府为了缓解日益突出的城市交通拥堵问题，认为城市地铁可以有效提高公共交通服务水平，提升城市公共交通出行比例。其实，地铁并不是城市轨道交通的全部，应从城市社会经济、地理地貌、气候特征、交通出行习惯、交通流特点等方面研究分析，综合规划轨道交通的设计方式，其他方式的城市轨道交通在一定情况下可能会对整个交通系统运行具有更好的效果。

例如，日本东京都市圈建有轨道交通超过 3000 km，但地铁只有约 280 km，主要集中在城市中心区域，地铁里程仅占城市轨道交通系统的 10%，其他的轨道交通方式包括铁路、轻轨、单轨和有轨电车等方式，科学合理的轨道交通体系为东京城市交通运行系统提供了强大的支撑。

从统计到的 11 个城市轨道交通日均客运量来看，北京日均 762 万人次，日均客运量最高，广州每千米日均客流最高，达到了 2.35 万人/km。而部分城市，如重庆、天津、武汉、大连和沈阳还不到 1 万人/km，如图 1－20所示。这一方面说明轨道网络尚未建设建立完善，轨道交通吸引量有限，另一方面，体现了轨道交通发展需要一个培育期，经过了培育期后，将可能逐步达到规划预测客流量。

目前，为了有效缓解城市道路交通压力，各城市政府积极筹划修建轨道交通系统，把轨道交通建设提到了重要的议事日程，但城市轨道交通建设是一个复杂的系统工程，资金投入量大、建设周期较长，城市内多条线路同时实施，对城市现有的交通运行也会带来非常大的影响。所以，当前很多城市虽然公布了轨道交通规划，但具体到建设阶段，建议还需要根据实际情况来计划实施。

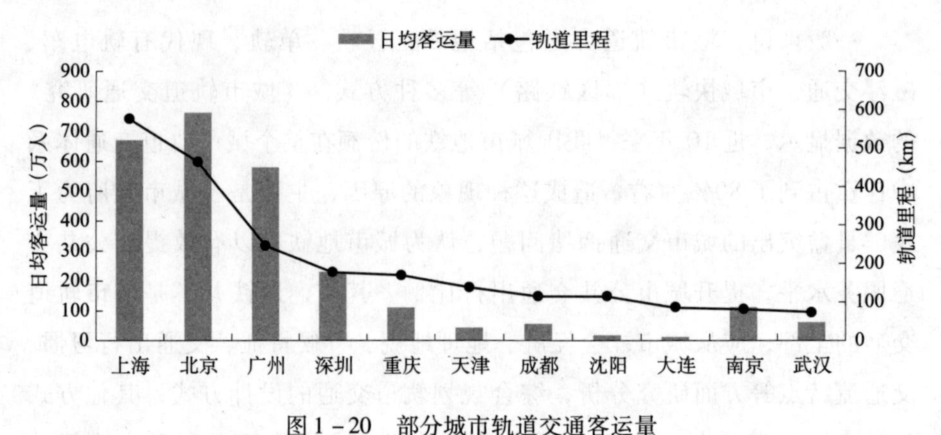

图1－20　部分城市轨道交通客运量

数据来源：各城市地铁网站，2013。

1.4.4　城市出租汽车保有量

2013年，我国城市出租车保有量为105.4万辆，比2012年增长了2.6%。35个大城市中（缺少重庆的数据），北京出租车保有量最高，达到了6.7万辆，上海为5.1万辆，位居第二，天津为3.2万辆，排在第三；广州、沈阳、长春、武汉、哈尔滨、深圳、西安、成都、南京、郑州、大连、合肥、杭州和乌鲁木齐14个城市出租车保有量超过1万辆，其中广州为19943辆，沈阳为17844辆，长春为16967辆；青岛、济南、太原、昆明、石家庄、兰州、贵阳、长沙、南宁、福州、呼和浩特、西宁、银川、厦门、南昌、宁波、海口和拉萨18个城市出租车保有量在1万辆以下，其中宁波为4101辆，海口为2711辆，拉萨为1160辆，如图1－21所示。

我国《城市道路交通规划设计规范》GB 50220－95规定，城市出租汽车规划保有量根据实际情况确定，大城市每千人不宜少于2辆。按照这个要求，我国35个城市的出租车数量均满足规划要求，并且10个城市的出租车数量超过千人4辆的标准，分别为北京、天津、石家庄、太原、呼和浩特、沈阳、大连、长春、哈尔滨和上海。

城市出租车交通出行方式在城市交通出行结构中占有重要的位置，合

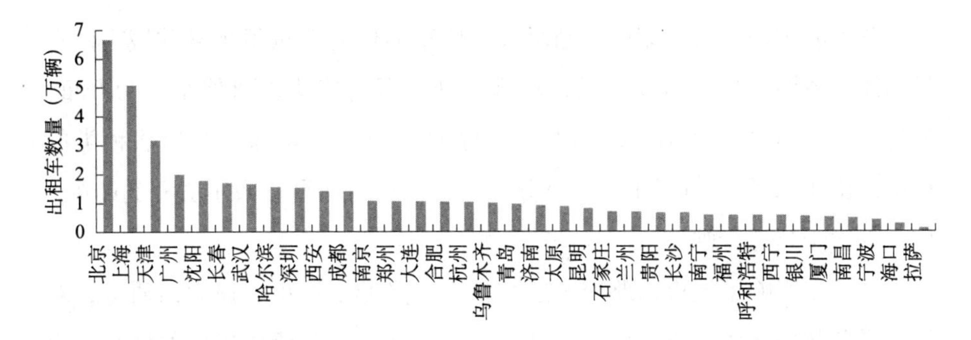

图1－21　我国大城市出租车数量

数据来源：《中国城市统计年鉴2013》，缺少重庆的数据。

理的出租车规模，不仅可以方便城市居民的出行，也是城市公共交通的有益补充。城市出租车的健康发展还与运营模式具有重要的关系，涉及出租车的载客率、乘客乘车便利性等问题。加强城市出租车的健康发展，一方面要保障城市出租车保有量；另一方面，要完善出租车运营模式，利用信息化和智能技术，使城市出租车更加智能、方便、高效地服务于社会公众。

1.5　城市停车泊位

1.5.1　城市停车泊位现状

我国36个大城市停车泊位普遍供不应求，与国际通行的停车泊位与机动车保有量比例1.2∶1相差甚远。据中国停车网统计，在收集的22个大城市停车数据中，南京、青岛、天津、武汉、西安、杭州和大连7个城市停车泊位缺口超过70%；济南、深圳、哈尔滨、广州、长春、合肥和宁波7个城市停车泊位缺口为60%～70%；另外，郑州、长沙、北京和沈阳4个城市停车泊位缺口也在50%～60%。也就是说，目前我国城市现有停车泊位基本不足机动车保有量的一半，机动车增长与停车泊位供给之间严重缺乏相互约束关系。

随着我国城市机动车的逐渐增长，停车泊位的严重不足导致城市停车供需矛盾越演越烈，引发了系列城市交通问题。违法占道停车行为严重。据统计，2013 年，我国处罚不按规定停放机动车占全部处罚违法种类的 13%，比 2012 年上升了 1.4 个百分点，位列我国处罚交通违法种类的第 2 位，仅次于超速行驶。

乱停车影响了城市道路交通运行秩序，降低了城市居民生活质量，对事件紧急救援造成严重不便。并且，在部分停车供需矛盾集中的区域，容易因停车引发各类社会矛盾。如，多辆车争抢一个停车位、在公共停车泊位上私装地锁、小区内乱停车导致车辆被砸，以及停车场经营企业肆意抬高停车费等，引发一系列不良后果。各地因停车引发社会矛盾，导致出现争吵、打架、砸车，甚至致人伤害、死亡等案例屡见不鲜。

乱停车降低道路运行速度，研究表明，道路上每千米停一辆小汽车，路段交通流速度就会降低 0.1km/h，根据交通流速度、密度、流量三参数之间的关系，在密度一定时，流量随着速度的降低而降低，因而导致道路通行能力降低。其次，路内违法停车占用道路通行面积，以道路宽度在 11～18m为例，违法停车导致道路通行能力降低 26%～34%，并且道路宽度越小，降低幅度越大。[1] 另外，考虑车辆在停车时减速换车道对相邻车道的干扰，那么对道路通行能力的影响就更大。

1.5.2 路内停车收费价格

目前，城市道路停车首小时收费价格从 2 元至 16 元不等，其中广州市首小时停车收费价格最高，为 16 元，济南、长春、沈阳首小时停车收费最低，仅为 2 元。从收集到的 22 个城市数据来看，停车缺口较大的城市停车收费也相对偏高，在停车泊位缺口超过 6 成的 14 个城市中，除青岛、武汉、济南和长春 4 个城市外，其他 10 个城市停车首小时收费均超过了 5

[1] 邹贞元，徐亚国，安实．城市静态交通管理理论与应用．广州：广州出版社，2000。

元，如图1－22所示。虽然北京和上海停车泊位缺口相对其他城市较少，但是停车收费价格较高，首小时分别达到了10元和15元，表达了希望通过提高停车价格来抑制城市停车需求和小汽车使用的管理理念与目标。

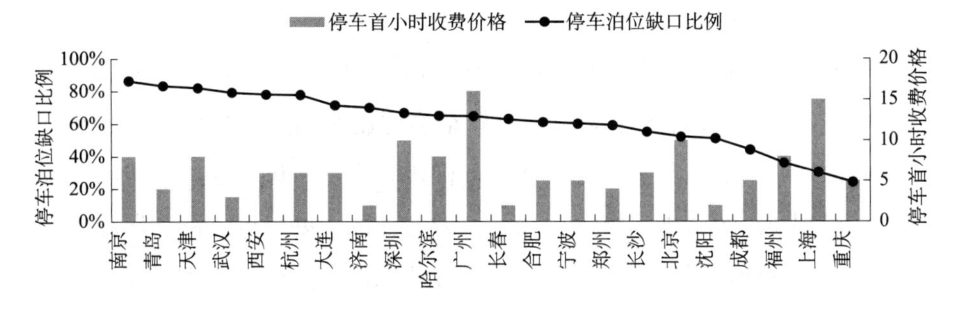

图1－22　部分城市停车泊位缺口与停车收费

数据来源：中国停车网和城市交通发展年报。

在停车泊位供给不足的情况下，停车收费可以有效调节停车供需，各城市都相应出台了停车收费管理办法，随着城市机动车保有量的快速增长，综合考虑停车泊位资源、停车需求、交通出行总量、交通出行特性等因素制定合理的停车价格并严格执法是缓解停车矛盾的手段之一。

另外，各城市也实施了阶梯式停车收费措施，即停车时间超过规定的时长后，继续停车将改变停车收费计价。目前，我国城市阶梯式停车收费主要采用停车收费价格逐渐提高的模式，如北京、上海、深圳、南京等城市，从第二小时起，后续的停车收费价格比第一小时要高，这种模式是为了鼓励加快停车泊位周转率，提高路内停车泊位资源的利用效率，方便短时停车需求。

1.5.3　城市配建停车、公共停车与路内停车的比例

根据国家“‘九五’科技攻关专题”“城市停车管理体制和法规的研究”，我国城市各种停车场合理的比例应近似为：配建停车场占75%～85%，路外公共停车场占12%～20%，路内停车场停车泊位占3%～5%。

按照国家行业标准《城市道路路内停车泊位设置规范》GA/T 850－2009的规定，小城市路内停车泊位不超过城市机动车泊位供给总量的15%，中等城市不超过12%，大城市不超过10%，特大城市和超大城市不超过8%。

按照上述比例，目前我国36个大城市基本不满足要求，如表1－2所示。在配建停车方面，8个城市配建停车泊位比例超过了80%，分别为上海、长沙、西安、南昌、宁波、济南、杭州和重庆，说明这些城市在保障建设项目配建停车管理工作较为扎实，为居住区、办公区、商业区建筑停车提供了一定的保障，为城市加强停车管理提供了良好的基础。在路外公共停车场方面，上海、长沙、西安、宁波和杭州的比例还不足停车泊位总量的5%，说明城市公共停车建设与经营还较为乏力，公共停车场建设动力不足。在路内停车方面，西安、杭州、大连和长春都已经超过了城市停车泊位总量的10%，说明占用道路资源停车的情况较为严重，而占用道路停车一方面减少有限的道路资源，另一方面又容易造成道路秩序混乱，从而又引发停车难和停车乱的现象。

造成我国大城市停车泊位比例失调的原因有多个方面，涉及历史、城市规划、城市交通规划、停车管理体制机制、交通文明意识等问题。一是配建停车指标过低。我国最早出现的停车设施配建标准是1988年由公安部和建设部发布的《停车场规划设计规则（试行）》，它对当时合理引导停车资源的配置起到了重要的指导作用，但是，由于当时我国大城市的机动化水平较低，私人拥有机动车规模比较低，城市公共空间足以满足有限的停车需求，因此，许多类型的建设项目停车设施配建标准非常低甚至没有配建要求。以住宅为例，标准中要求一类项目每户配建0.5个停车泊位，而对于普通住宅，并没有要求配建停车泊位。二是建造社会公共停车场投入与收益不对等。当前我国城市停车场建设成本过高，而相应的投资回报不确定。据测算，地下公共停车场每个车位的建设成本约10万元，但是随着城市土地价值的上升，建设停车的用地和拆迁成本非常高，而公共停车场不像配建停车场可由主体建筑分摊成本，导致高额建设资金难以筹措，即使建设了公共停车场，停车收费回报率较低，短时间内很难维持运营，导致社会公共停车场建设困难。三是路内停车泊位施划增加。路内停车泊位具有投资低、效率高、建设周期短、设置方式灵活，以及使用方便等特点，由于当前城市停车泊位缺口非常大，路内停车泊位成了短期内见效最快的增加供给方式，这种方式如果缺乏合理论证，将会是饮鸩止渴，路内停车泊位设置超过一定的数量值，将会扰乱道路通行秩序，减少道路通行效率，降低道路交通安全性，对道路网造成非常不利的影响。

国内部分城市停车泊位配比　　　　表1－2

城市	配建停车	路外公共	路内停车
上海（2013）	95.5%	1.0%	3.5%
长沙（2012）	94.8%	2.9%	2.3%
西安（2013）	88.2%	1.8%	10.0%
南昌（2013）	87.6%	12.4%	
宁波（2013）	86.9%	4.3%	8.8%
济南（2013）	84.6%	7.8%	7.6%
杭州（2012）	84.3%	3.0%	12.7%
重庆（2011）	81.4%	14.8%	3.8%
北京（2012）	75.1%	20.5%	4.4%
郑州（2013）	35.8%	61.2%	3.0%
大连（2013）	32.5%	41.5%	26.0%
长春（2013）	24.4%	61.9%	13.8%
太原（2013）	19.9%	70.2%	9.9%

数据来源：各城市交警部门。

1.6　城市信号交叉口

从统计的我国14个城市的数据来看，上海市区信号灯控路口3941个，灯控路口密度为3.9个/km^2，为全国最高，成都、北京、武汉、济南、南昌和郑州7个城市信号灯控路口密度超过2.0个/km^2，大连、昆明、长春、宁波、太原和呼和浩特的灯控路口密度不足2.0个/km^2，日本东京的灯控路口密度为7.3个/km^2，如表1－3所示，不管是路网密度还是信号灯控密度，与日本东京都存在很大差距。

部分城市信号交叉口数量 **表1－3**

城市	灯控路口（个）	建成区（km^2）	道路网密度（km/km^2）	灯控路口密度（个/km^2）
东京	16000	2188	18.4	7.3
上海	3941	998.8	4.7	3.9
成都	1516	483.4	5.6	3.1
北京	3099	1200	5.8	2.6
武汉	1200	506.4	5.6	2.4
济南	806	355.3	13.0	2.3
长沙	607	276	7.5	2.2
南昌	462	208	4.7	2.2
郑州	723	354.7	3.9	2.0
大连	642	390	7.4	1.6
昆明	482	300	5.6	1.6
长春	612	418.2	6.4	1.5
宁波	396	275.3	5.2	1.4
太原	345	300	6.0	1.2
呼和浩特	212	173.6	4.2	1.2

数据来源：各城市交警部门。

城市交通信号灯属于交通管理设施，通过控制通行时间，优化机动车、非机动车和行人的通行秩序，加强道路交叉口交通安全性，增加道路交叉口通行能力。数据显示，目前我国城市普遍存在交通信号灯设置率不高的问题，原因通常为：一是道路密度较小，交叉口数量相对较少；二是进出城市快速路的出入口未设置信号灯，认为快速路没有必要设置信号灯，当交通流量小时，进出快速路的出入口通过车流间隙可以顺利完成变换车道进出快速路，当交通流量较大时，容易造成快速路通行秩序混乱，服务水平下降；三是次干路和支路一般未设置信号灯，随着近年来机动车保有量的攀升，非机动车数量的增长，容易造成机动车与非机动车和行人的交通事故，也影响了道路通行能力。

第2章　城市车辆发展

2013年，我国机动化水平继续提升，全国机动车保有量达到2.5亿辆，其中，汽车保有量1.37亿辆，摩托车9532.6万辆，千人机动车保有量达到183.8辆。机动车保有结构与经济产业发展阶段协同水平进一步优化，载客汽车保有比重持续增高，保有量达到1.06亿辆，占汽车总量的76.88%，其中，小型载客汽车占载客汽车的94.22%，是载客汽车的主体。从统计情况看，载客汽车年增量占汽车年增量的98.05%，是汽车实现快速增长的主要因素。2013年，我国汽车产销量分别为2211.68万辆和2198.41万辆，比2012年分别增长14.8%和13.9%，再次刷新世界纪录，连续五年蝉联全球第一。

2.1　机动车保有情况

2.1.1　市域机动车保有状况

2013年底，我国机动车保有量超过100万的城市有60个，机动车超过200万辆的城市为14个，见表2－1。我国机动车分布并不均匀，西部地区（12个省、市、自治区＋2个自治州）土地面积占全国国土面积的70.9%，人口和汽车保有量仅占全国的21.2%和21.6%，即面积占全国七成，人口和汽车保有分布仅为两成。

我国机动车保有量分别超 100 万和 200 万的城市　　表 2-1

类型	城市
机动车超 100 万辆的城市	北京、上海、天津、重庆、石家庄、保定、廊坊、唐山、沧州、邯郸、赤峰、哈尔滨、肇庆、长春、沈阳、大连、济南、青岛、烟台、潍坊、临沂、菏泽、济宁、聊城、滨州、南京、苏州、无锡、常州、南通、宿迁、徐州、盐城、杭州、宁波、温州、台州、金华、绍兴、嘉兴、福州、厦门、泉州、合肥、长沙、武汉、广州、深圳、东莞、茂名、江门、南宁、玉林、成都、郑州、南阳、洛阳、昆明、西安、赣州
机动车超 200 万辆的城市	北京、重庆、成都、潍坊、上海、天津、苏州、深圳、杭州、江门、广州、临沂、郑州、宁波、南通

1. 机动车保有量

全国 36 个大城市市域和市区机动车保有量分别为 5904.7 万辆和 4358.9 万辆，分别占全国机动车保有量的 23.61% 和 17.39%。总体来看，我国 36 个大城市的机动车分布不均衡，市域机动车保有水平大体可以分为三个方队。第一方队是 10 个机动车保有量超过 200 万辆的城市，分别是北京、重庆、成都、上海、天津、深圳、杭州、广州、郑州和宁波，其中北京市的机动车保有量超过了 530 万辆，是我国唯一一个机动车保有量突破 500 万辆的城市；第二方队是 16 个机动车保有量为 100 万～200 万辆的城市，分别是青岛、西安、石家庄、昆明、南京、长沙、南宁、武汉、济南、沈阳、长春、大连、哈尔滨、厦门、合肥和福州；第三方队是 10 个机动车保有量低于 100 万辆的城市，其中有 8 个是西部城市，分别是太原、贵阳、呼和浩特、乌鲁木齐、银川、兰州、西宁和拉萨，相对我国中、东部而言西部地区机动车发展水平仍然较低，如图 2-1 所示。

2. 千人机动车保有量

全国 36 大城市千人机动车保有量均在 100 辆/千人以上，超过全国平均水平（183.8 辆/千人）的城市有 21 个，如图 2-2 所示。36 个大城市中，有 6 个城市千人机动车保有量超过 250 辆，分别为杭州、厦门、银川、宁波、拉萨、北京，即平均每 4 个人就拥有一辆机动车，其中，杭州最高，达到了 286.1 辆/千人；千人机动车保有量低于全国水平的城市有 15 个，

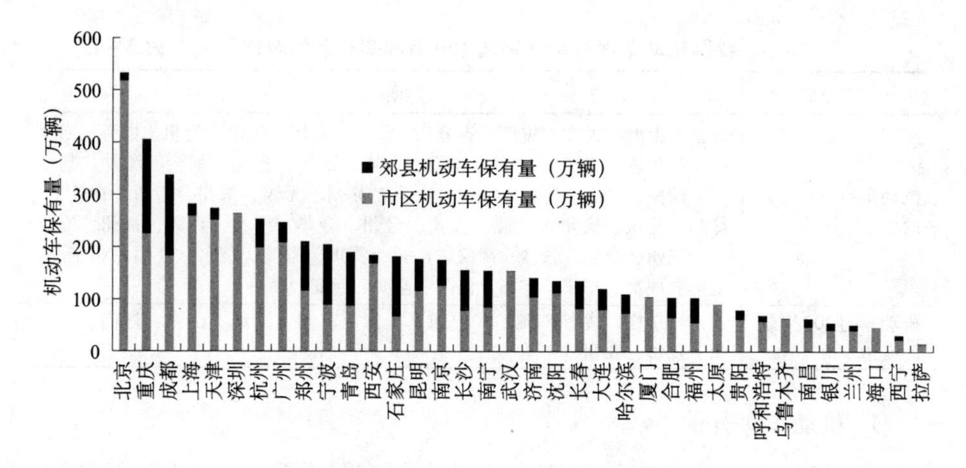

图 2－1　全国 36 个大城市市域机动车保有量

数据来源：公安部交通管理局 2013 年机动车和驾驶人统计数据。

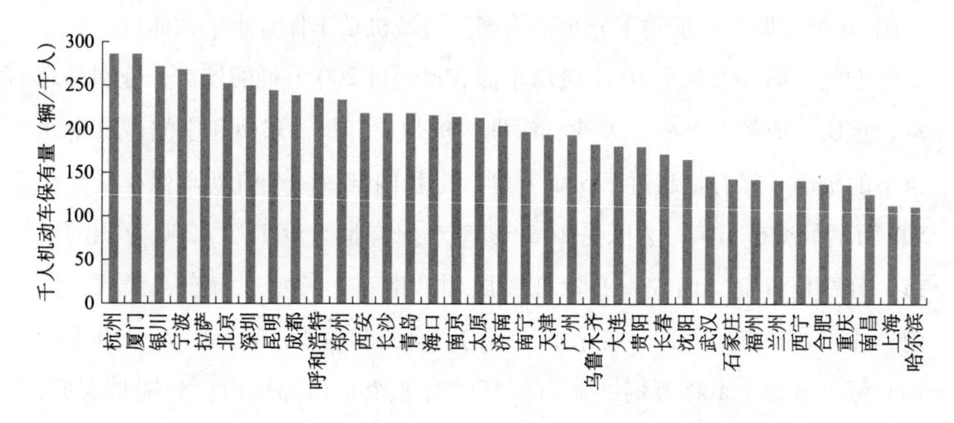

图 2－2　全国 36 个大城市市域千人机动车保有量

数据来源：公安部交通管理局 2013 年机动车和驾驶人统计数据。

分别为哈尔滨、上海、南昌、重庆、合肥、西宁、兰州、福州、石家庄、武汉、沈阳、长春、贵阳、大连和乌鲁木齐，其中南昌、上海、哈尔滨 3 个城市千人机动车保有量小于 125 辆/千人，即平均每 8 个人以上拥有一辆机动车。从全国地级市千人机动车保有量分布情况来看，共有 115 个城市超过全国平均水平（183. 8 辆/千人），占全国地级市数量的 33%。其中，15 个城市的千人机动车保有量超过了 300 辆/千人，但大多数为云南、海南、广东等地的山区城市，机动车构成中摩托车占据重要地位，机动化水平质与量严重不对等。

3. 机动车保有量与 GDP 的关系

机动车保有量迅猛增长离不开国家经济快速发展的支撑和推动。通过对 2013 年全国 36 个大城市 GDP 和机动车保有量进行散点聚类分析，结果显示，北京、上海两个城市因机动车保有量和 GDP 均处于高水平状态而独立成为第一方队；天津、重庆、广州、深圳、成都等城市机动车保有量均在 200 万辆以上，GDP 总量在 9000 亿元以上，在经济水平和机动车保有上均处于领先优势，可归为第二方队；杭州、南京、青岛、武汉、西安等城市在 GDP 和机动车保有量上则处于第三方队，机动车保有在 100 万辆以上，GDP 总量在 3000 亿元以上；兰州、西宁、银川等西部城市由于经济水平和机动化水平相对滞后，机动车保有量在 100 万辆以下，GDP 总量在 3000 亿元以下，分布于第四方队，如图 2 - 3 所示。

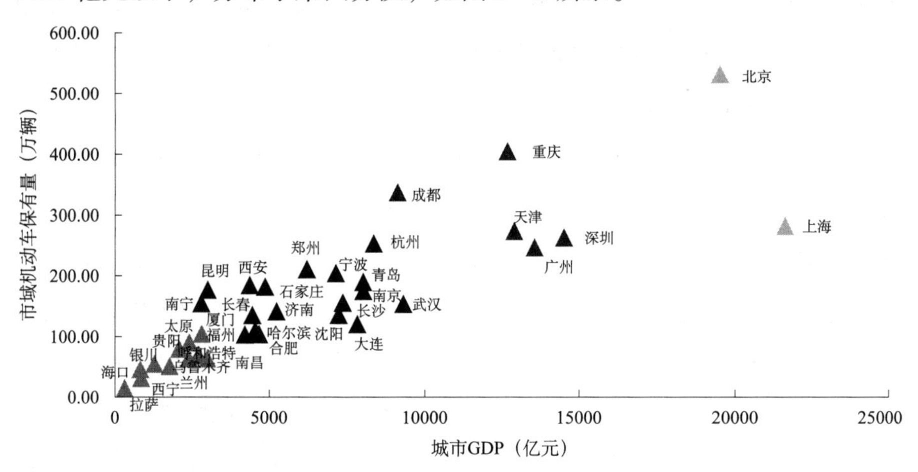

图 2 - 3　全国 36 个大城市经济发展与机动车保有散点图

数据来源：公安部交通管理局 2013 年机动车和驾驶人统计数据。

发展经济学的观点认为，人均 GDP 在 400 ~ 2000 美元为经济的起飞阶段；2000 ~ 10000 美元为加速成长阶段；10000 美元以上为稳定增长阶段，人均GDP达到3000美元，意味着经济发展开始进入加速成长阶段。国外交通发展史表明，当人均GDP达到3000美元时，小汽车开始成为人们首选的机动化个体交通工具，进入轿车快速进入家庭的时期[1]。2013年，全国36个大城市人均GDP基本全部超过3000美元，正处于机动化迅猛发展的时期，即使北京、上海等超大城市人均GDP超过了10000美元，机动化进程仍然在持续深化。

2.1.2 市区机动车保有状况

2013年，我国大城市市区的机动化也保持了较高水平。截至2013年底，全国36个大城市中已有16个城市市区的机动车保有量超过100万辆，分别是北京、深圳、上海、天津、重庆、广州、杭州、成都、西安、武汉、南京、郑州、昆明、沈阳、厦门和济南。其中，北京、深圳、上海、天津、重庆、广州6个城市市区机动车保有量突破了200万辆。北京作为唯一一个市域机动车保有量突破500万辆的城市，市区机动车保有量也突破500万，高达517.64万辆。

市区机动车保有量占市域机动车保有量的比重是衡量城乡机动化二元水平的视角之一。全国城市市区机动化水平较高的另一表现即为市区机动车保有量在市域中占据较高比例，2013年底，全国36个大城市市区机动车保有量与市域机动车总量的比值为74.6%。其中，11个城市市区机动车保有量占市域的比值超过了90%，分别是深圳、厦门、武汉、海口、北京、上海、太原、乌鲁木齐、天津、西安和拉萨；17个城市低于平均水平，包括重庆、成都、南京、郑州、昆明、济南、南宁、长春、大连、长沙、石家庄、合肥、哈尔滨、福州、西宁、宁波、青岛，市区机动车占比最低的为石家庄，仅为37%，如图2-4所示。全国36个大城市中，11个

[1] 曹学坤．世界若干大城市社会经济发展研究——兼与我国某些城市对比．北京：科学技术出版社，1993。

城市市区集中了全市域 90% 以上的机动车，33 个城市市区机动车占市域机动车比例超过 50%，仅有 3 个城市占比低于 50%，相对于有限的城市道路资源和土地资源，如此庞大的机动车通行和停放需求显得不堪重负，成为道路交通拥堵和停车问题的重要原因。另一方面，机动车在市区的高度积聚显示了机动化水平与城市化水平的高度一致性，也反映了城市化与机动化的联动发展效应。同时，也从侧面反映了我国城乡二元现象的突出，城市机动化水平高度发展，广大的乡镇、农村地区机动化水平仍有很大的发展空间。

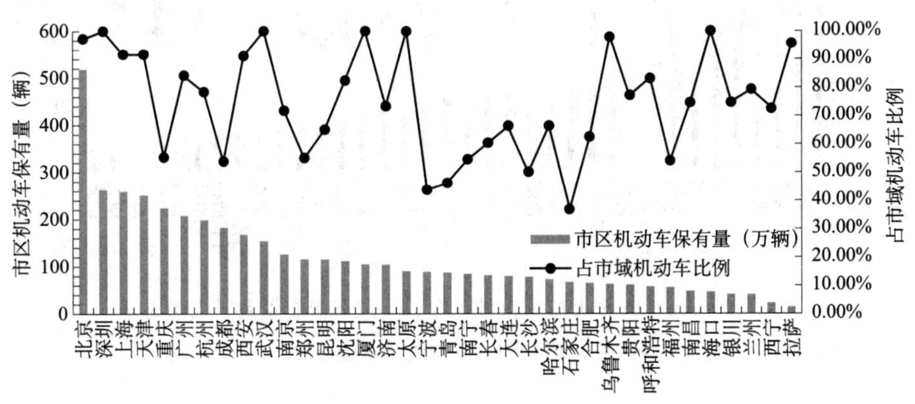

图 2－4　全国 36 个大城市市区机动车保有及占市域机动车比例

数据来源：公安部交通管理局 2013 年机动车和驾驶人统计数据。

2.2　汽车保有情况

2.2.1　市域汽车保有状况

截至 2013 年底，全国 31 个城市汽车保有量超过了 100 万辆，分别为北京、天津、成都、深圳、上海、广州、苏州、杭州、重庆、郑州、西安、潍坊、青岛、宁波、石家庄、南京、东莞、昆明、武汉、保定、温州、沈阳、临沂、唐山、济南、长沙、无锡、烟台、大连、长春、哈尔滨等，比 2012 年增长了 8 个。其中，北京、天津、成都、深圳、上海、广州、苏州、杭州8个城市的市域汽车保有量超过了200万辆，北京市域汽车保有量高达518万辆，是排在第二位天津市汽车保有量的近2倍，如图2-5所示。

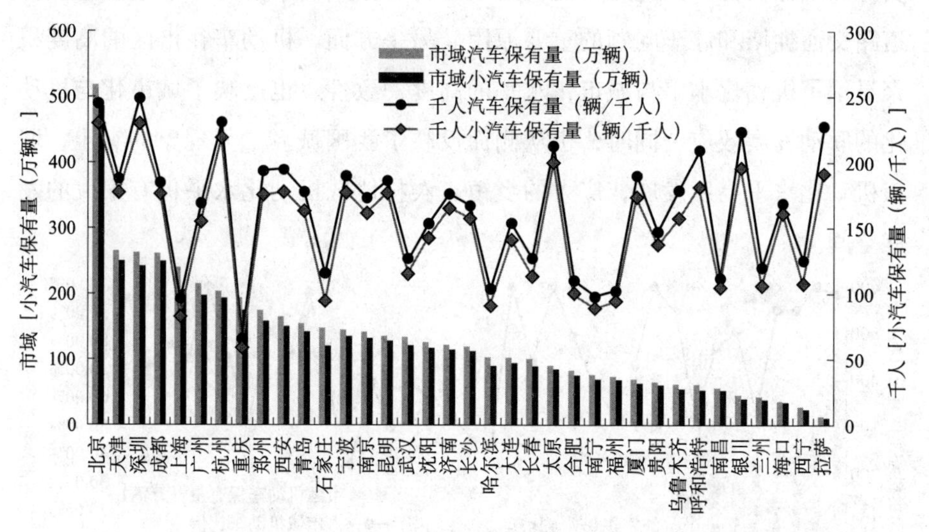

图2-5　全国36个大城市市域汽车、小汽车保有量及千人保有量

数据来源：公安部交通管理局2013年机动车和驾驶人统计数据。

1. 汽车保有量

2013年，全国36大城市汽车保有继续主导全国汽车化发展态势。截至年底，全国36个大城市市域汽车保有量为4838.7万辆，占全国汽车保有量的35.21%，比2012年提高了0.6个百分点。全国大城市汽车保有增长的重点在于小汽车，2013年36个大城市中有19个城市小汽车保有量超过了100万辆，其中，小汽车保有量超过200万的有5个，分别是北京、天津、成都、深圳和上海。而在2012年，小汽车保有量超过100万辆的城市仅有12个，超过200万辆的城市仅北京1个城市。

2. 千人汽车保有量

目前，我国汽车保有总量位居世界前列，但千人汽车保有量相对较低，与欧美、亚太发达国家相比依然相对落后。根据世界银行最新统计数据，全球汽车保有量已达到 10.15 亿辆，千人汽车保有量为 148 辆。其中，发达国家的千人汽车保有量普遍在 500 辆/千人以上，如美国 797 辆/千人、日本 591 辆/千人、英国 519 辆/千人，而我国千人汽车保有量仅为 102 辆/千人，在全球排名第 105 位，见表 2－2。相比而言，我国大城市汽车保有水平引领着全国汽车保有量的发展。在全国 36 个大城市中，深圳的千人汽车保有量最高，为 248.8 辆/千人，而南宁、上海、重庆 3 个城市的千人汽车保有量在全国平均水平以下，其余 33 个城市均超过了全国平均水平。通过进一步扩大分析范围，对我国 348 个城市（全国地级市）进行分析，千人汽车保有量最高的城市为 295 辆/千人（鄂尔多斯市），千人汽车保有量小于 100 辆的城市有 242 个，占 69.5%。

部分国家千人汽车保有水平　　　**表 2－2**

国家	千人汽车保有量（辆/千人）	国家	千人汽车保有量（辆/千人）
美国	808	德国	534
澳大利亚	730	法国	575
加拿大	620	韩国	379
日本	589	新加坡	156

3. 汽车保有量和 GDP

经济发展是推动汽车保有增长的重要因素。如图 2－6 所示，民用汽车

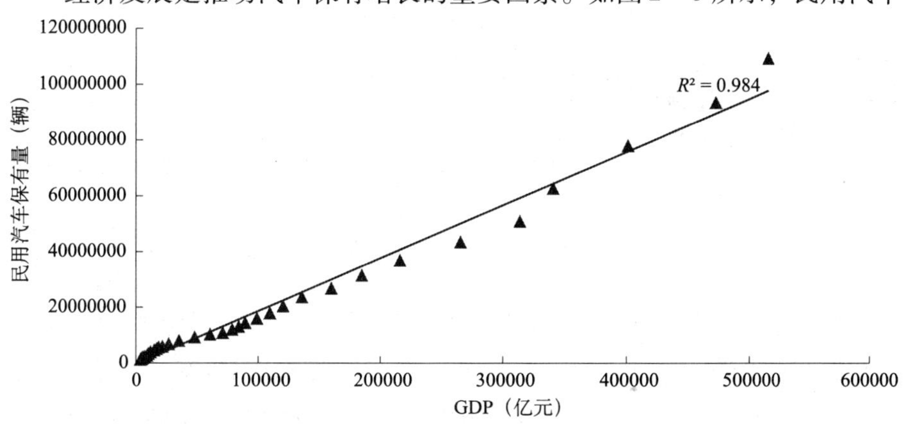

图 2－6　我国经济发展与民用汽车保有量拟合关系

保有量与经济总量增长存在很强的线性关系，线性函数拟合 $R^2=0.984$，民用汽车保有随着经济总量的增加而呈线性增加，我国经济总量每提高100万元，民用汽车保有量就增加2辆。

居民收入水平则是决定汽车增长的直接动力。用线性函数拟合千人民用汽车拥有率、千人私车拥有率和人均可支配收入关系，居民人均可支配收入增加1000元，我国的民用汽车千人拥有、千人私车拥有就增加3辆，也说明了近年来我国汽车拥有属性基本向私人个体转化，如图2－7所示。1994年，我国城市居民人均可支配收入为3496元，而每1000人才拥有不到8辆车，私人汽车更是不足2辆；2013年，我国城市居民人均可支配收入达到26955元，每1000人就拥有102辆汽车，其中私人汽车就高达80辆，人均收入提高了8倍，车辆人均拥有水平提高13倍，私人汽车拥有水平提高了40倍，即由125个人未必能够拥有一辆车变为10个人拥有一辆车。

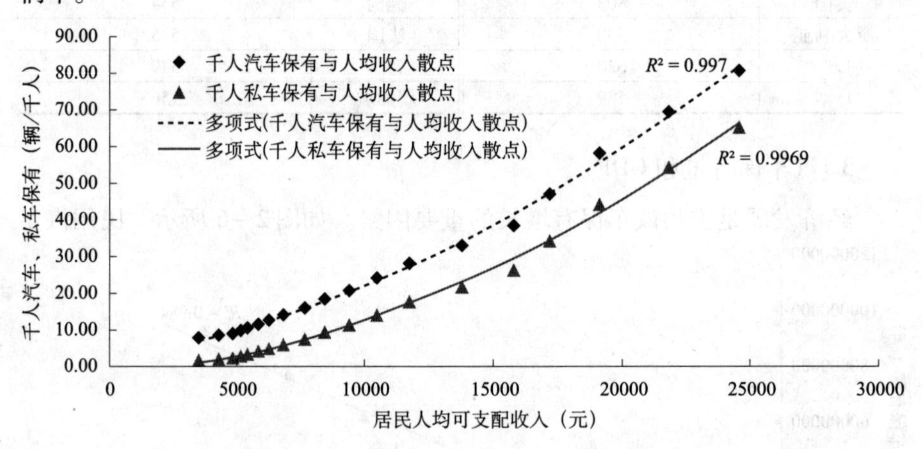

图2－7　人均收入与千人民用、私车保有关系

城市经济水平与汽车保有也呈现规律性的分布。利用城市经济水平与汽车保有水平进行散点分析，全国36个大城市机动化发展水平大体可以分为四类。北京、上海两个城市经济规模在2万亿元左右，汽车、小汽车保有量均在200万辆以上，处于36个大城市前列；广州、深圳、重庆、天津

等城市 GDP 总量在 1 万亿~2 万亿元，汽车保有量 200 万~300 万辆左右，在经济总量和汽车保有水平方面总体排名在第二方队；南京、杭州、武汉、宁波、郑州、沈阳等城市 GDP 总量在 0.6 万亿~1 万亿元，汽车保有量在 100 万~200 万辆，总体排在第三方队；太原、兰州、银川等中西部城市则机动化水平相对较低，GDP 总量在 6000 亿元以下，仅有石家庄、济南等个别城市汽车保有量超过 100 万辆，其余城市均在 100 万辆以下，如图 2－8 所示。

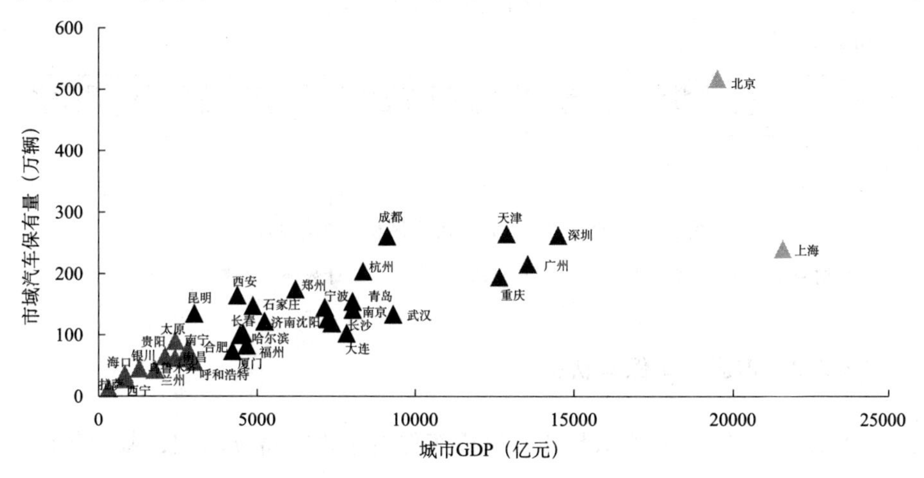

图 2－8　全国 36 个大城市市域经济与汽车保有量散点图

数据来源：公安部交通管理局 2013 年机动车和驾驶人统计数据。

4. 汽车占比

我国机动化车型构成较为复杂，汽车在机动车保有中占据比例仍然较低，2013 年底全国汽车占机动车保有量的比例为 54.9%。而对于 36 个大城市而言，汽车化是机动化的主导形式。36 个大城市中，南宁、重庆 2 个城市受地形、经济水平和交通出行习惯等因素影响，汽车保有量在机动车总量中占比低于全国平均水平，分别为 49.64% 和 47.93%；而北京、天津、太原、沈阳、哈尔滨、深圳和乌鲁木齐 7 个城市由于经济发展水平较高且地形条件较好，汽车占机动车比例超过了 90%。其中，北京、天津、太原、深圳等城市的小汽车保有量也超过了机动车总量的90%，如图2-9所示。

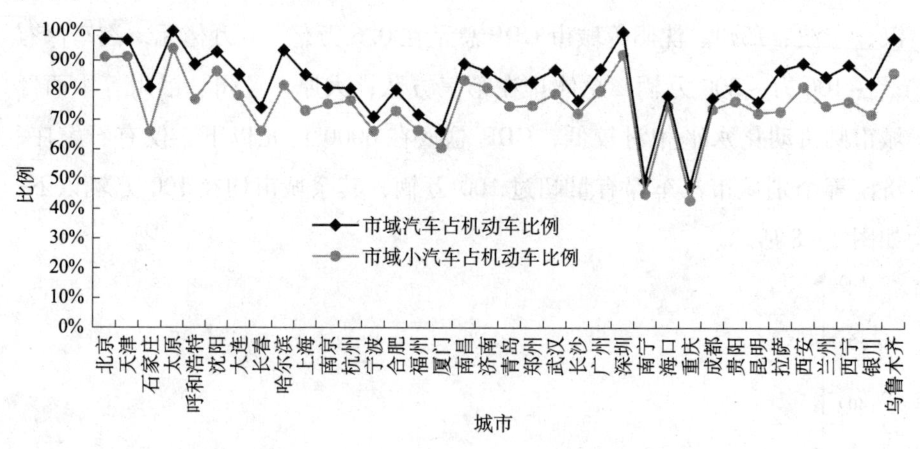

图2-9　全国36个大城市市域机动车结构比例

数据来源：公安部交通管理局2013年机动车和驾驶人统计数据。

2.2.2　市区汽车保有状况

2013年，全国36个大城市市区汽车保有量也在持续增加，截至年底，36个大城市市区汽车保有量达到3943.3万辆，占全国汽车保有量的28.7%。2013年底，已有13个城市的市区汽车保有量超过100万辆，4个城市市区汽车超过了200万辆，分别为北京、深圳、天津和上海，北京则以504万辆汽车保有量遥遥领先，为位居第二的深圳市区汽车保有量近2倍。

首先，小汽车所占比例随着机动化发展趋势逐步攀升。2013年底，36个大城市小汽车保有量达到4439.6万辆，占全国小汽车保有量的43%。36个大城市中，有13个城市小汽车保有量超过100万辆，分别是北京、深圳、天津、上海、广州、杭州、成都、西安、武汉、重庆、南京、郑州和沈阳，北京、深圳、天津3个城市则超过200万辆；8个城市的小汽车保有量低于50万辆，分别是呼和浩特、福州、南昌、海口、兰州、西宁、拉萨，具体见表2－3和图2－10。

我国36个大城市市域和市区机动车、汽车、小汽车超百万辆情况　　表2－3

车型	城市类型	市域	市区
机动车	超200万辆的城市	北京、重庆、成都、上海、天津、深圳、杭州、广州、郑州、宁波（10个）	北京、深圳、上海、天津、重庆、广州（6个）
	超100万辆的城市	北京、重庆、成都、上海、天津、深圳、杭州、广州、郑州、宁波、青岛、西安、石家庄、昆明、南京、长沙、南宁、武汉、济南、沈阳、长春、大连、哈尔滨、厦门、合肥、福州（26个）	北京、深圳、上海、天津、重庆、广州、杭州、成都、西安、武汉、南京、郑州、昆明、沈阳、厦门、济南（16个）
汽车	超200万辆的城市	北京、天津、深圳、成都、上海、广州、杭州（7个）	北京、深圳、天津、上海（4个）
	超100万辆的城市	北京、天津、深圳、成都、上海、广州、杭州、重庆、郑州、西安、青岛、石家庄、宁波、南京、昆明、武汉、沈阳、济南、长沙、哈尔滨、大连、长春（22个）	北京、深圳、天津、上海、广州、杭州、成都、西安、重庆、武汉、南京、郑州、沈阳（13个）
小汽车	超200万辆的城市	北京、天津、成都、深圳、上海（5个）	北京、深圳、天津（3个）
	超100万辆的城市	北京、天津、成都、深圳、上海、广州、杭州、重庆、郑州、西安、青岛、宁波、南京、昆明、武汉、石家庄、沈阳、济南、长沙（19个）	北京、深圳、天津、上海、广州、杭州、成都、西安、武汉、重庆、南京、郑州、沈阳（13个）

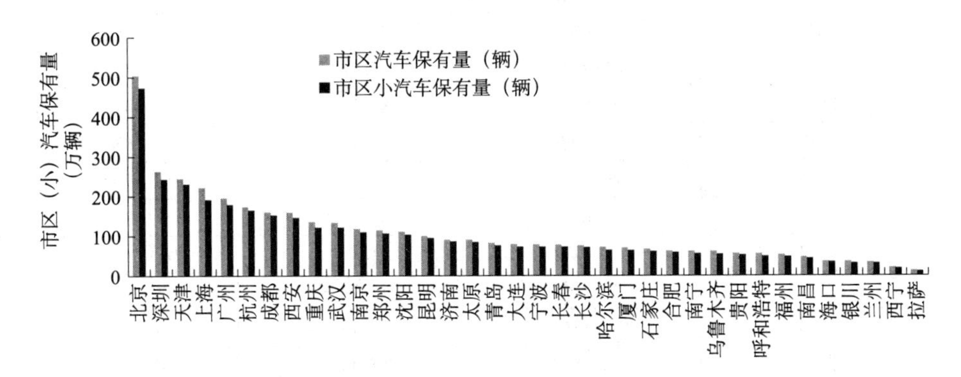

图2－10　全国36个大城市市区汽车和小汽车保有量

数据来源：公安部交通管理局2013年机动车和驾驶人统计数据。

其次，汽车保有量在城市市区高度集中。2013 年底，全国有 11 个城市市区汽车保有量在市域汽车保有量中超过 90%，如表 2－4 所示，这些城市主要是北京、天津、上海、厦门、深圳、西安等经济发达、城市化水平较高的地区，市区面积、人口均占市域比重较大，客观反映了城市机动化随人口、用地及产业分布的集中度。

全国 36 个大城市市区机动化占市域比重 **表 2－4**

城市	市区机动车占市域比	市区汽车占市域比	市区小汽车占市域比
北京	97.25%	97.34%	97.44%
天津	91.70%	91.95%	91.82%
石家庄	36.77%	45.29%	50.69%
太原	99.90%	99.90%	99.89%
呼和浩特	83.08%	88.91%	91.80%
沈阳	82.35%	87.32%	87.98%
大连	66.34%	76.81%	77.25%
长春	60.37%	77.69%	81.31%
哈尔滨	66.34%	69.86%	71.47%
上海	91.72%	91.93%	92.47%
南京	71.77%	82.78%	82.94%
杭州	78.35%	84.89%	84.96%
宁波	43.74%	54.13%	53.39%
合肥	62.46%	73.74%	76.87%
福州	54.05%	70.01%	69.96%
厦门	100.00%	100.00%	100.00%
南昌	74.53%	81.78%	82.70%
济南	73.30%	74.26%	75.38%
青岛	46.17%	53.20%	53.56%
郑州	55.06%	65.21%	67.48%
武汉	100.00%	100.00%	100.00%
长沙	50.11%	63.24%	63.50%
广州	84.17%	90.75%	90.61%
深圳	100.00%	100.00%	100.00%
南宁	54.57%	79.91%	79.80%
海口	100.00%	100.00%	100.00%

续表

城市	市区机动车占市域比	市区汽车占市域比	市区小汽车占市域比
重庆	55.29%	69.78%	69.59%
成都	53.87%	61.23%	61.07%
贵阳	77.15%	85.58%	85.83%
昆明	65.08%	73.77%	74.47%
拉萨	95.53%	95.40%	96.73%
西安	91.04%	96.23%	96.93%
兰州	79.25%	78.63%	81.08%
西宁	72.45%	74.32%	76.29%
银川	74.64%	77.21%	77.86%
乌鲁木齐	97.74%	98.03%	98.24%

2.3　摩托车保有情况

受居民消费需求、出行习惯、限摩政策等多方面因素的影响，近年来我国摩托车保有量呈现下降趋势。2013 年，我国摩托车保有量为 9532.6 万辆，占机动车总量的 38.11%，比 2012 年减少了 684.5 万辆，如图 2－11 所示。2013 年仅摩托车报废注销量达 1242 万辆，占报废注销机动车总

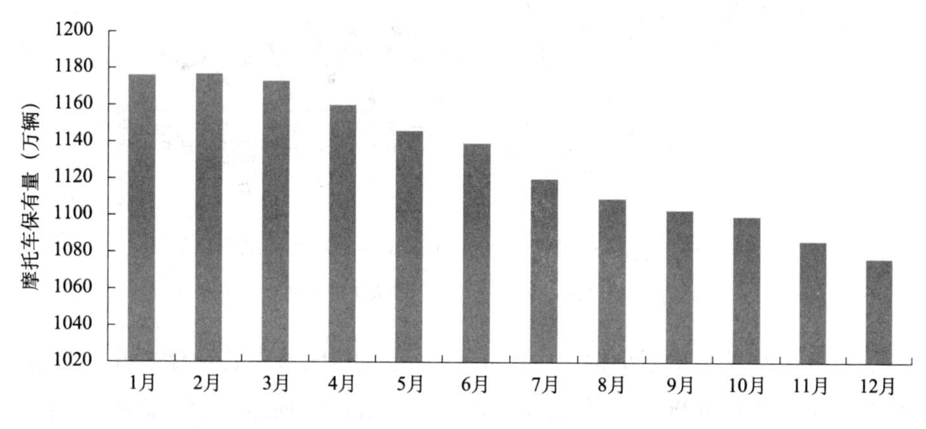

图 2－11　全国 36 个大城市 2013 年各月摩托车保有情况

数据来源：公安部交通管理局 2013 年机动车和驾驶人统计数据。

量的85.01%，汽车取代摩托车成为机动车中最主要的车型。2013年，我国36个大城市摩托车保有量减少了99.38万辆，月均减少8.3万辆，月均减幅为0.8个百分点。

城市摩托车的管理政策对摩托车保有量具有决定性影响。从摩托车保有量来看，全国36个大城市中，重庆、南宁、成都、宁波4个城市摩托车保有量超过了50万辆。重庆是36个大城市中为数不多的不采取限摩政策的城市之一，南宁仅针对外地摩托车上路采取限制措施，成都的限摩政策从2012年6月才启动，宁波的摩托车限制措施也是近年来才逐步升级，上述城市对摩托车相对宽松的政策环境、特殊的地形地貌以及交通条件为摩托车高保有量提供了便利条件。

从城市摩托车占机动车比例来看，重庆、南宁、厦门、长春、宁波、福州、昆明、长沙、成都等9个城市摩托车占比超过了20%，摩托车在这些西南和华南城市，成为当地主要的交通工具之一，如图2－12所示。

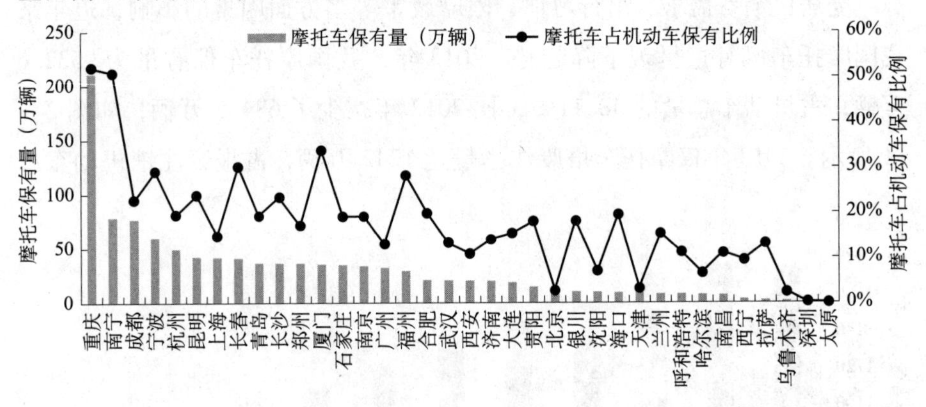

图2－12　全国36个大城市摩托车保有量及占机动车比例

数据来源：公安部交通管理局2013年机动车和驾驶人统计数据。

各城市摩托车车型结构中，除上海之外，其他城市普通摩托车占摩托车总量比例均超过90%，占主要地位，如图2－13所示。而上海市轻便摩托车保有量是普通摩托车保有量的7.5倍，主要因为上海市2000年开始对普通摩托车牌照完全进行了限制，而对轻便摩托车牌照仅限于沪A（市中心区）牌照，轻便摩托车在郊区并未受到影响，因此，上海市轻便摩托车保有量大于普通摩托车。

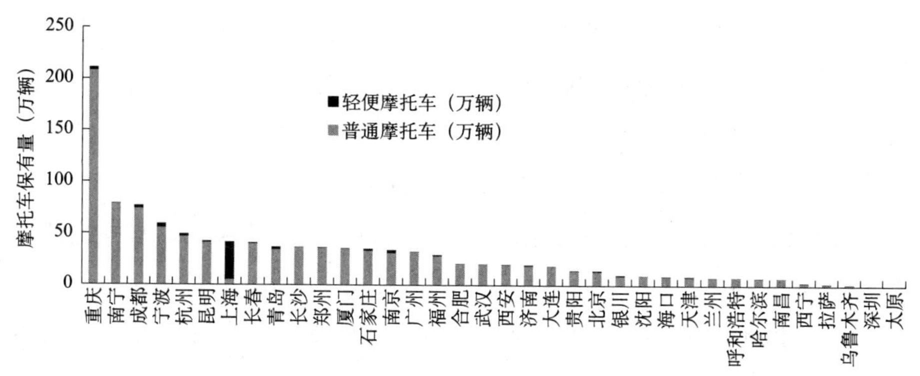

图2－13　全国36个大城市摩托车车型结构

数据来源：公安部交通管理局2013年机动车和驾驶人统计数据。

2.4　非机动车发展情况

20世纪七八十年代，我国曾是世界闻名的“自行车王国”，随着城市规模扩张、机动化水平提高以及自行车通行空间逐步被挤压，大城市自行车出行比例逐步降低。近年来，政府、社会、公众开始重新审视城市交通发展的本质和诉求，逐步加大了对绿色交通的重视，国家层面围绕推进新型城镇化的重大战略部署，鼓励和支持绿色交通发展，住房和城乡建设部发布《关于开展城市步行和自行车交通系统示范项目工作的通知》，着力推动步行和自行车交通系统建设，部分城市积极推动公共自行车发展，建设城市绿道，为自行车出行提供便利、舒适的环境，鼓励使用自行车出行；但另一方面，“电动自行车”的异军突起却成了道路交通管理的重点和难点。本书将重点针对电动自行车情况进行分析。

2.4.1 电动自行车产销量

由于缺少统一的销售渠道、强制登记制度和报废要求，目前，尚无法得出电动自行车保有量的准确统计数字，相关部门（例如：电动自行车行业协会）只是发布了历年电动自行车年产量数据，据估计，我国电动自行车保有量（标准、非标准）已经超过1.8亿辆。

总体而言，我国东部地区电动自行车管理问题最为突出。根据统计数据，从各省（市、区）电动自行车产销量来看，天津、江苏、山东、江西等省市为电动自行车产销量高的地区，其中天津的年产销量超过了1300万，居各省市区之首，如图2－14所示。

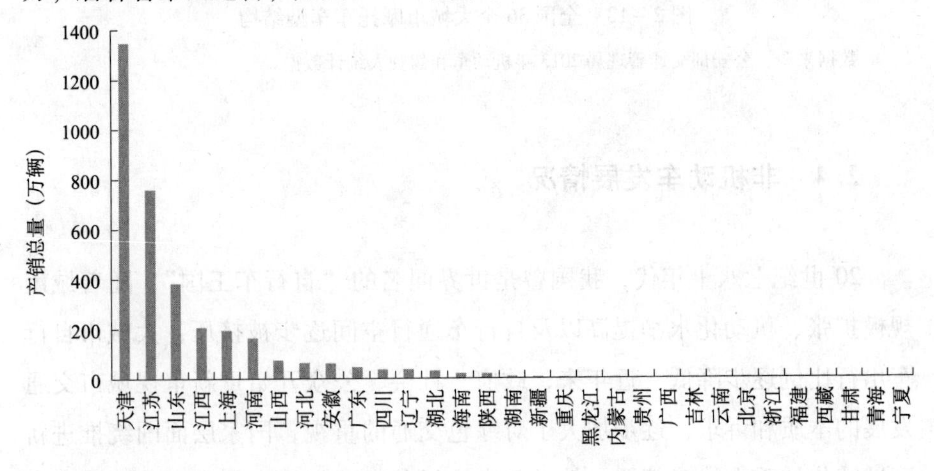

图2－14 我国电动自行车产销量

数据来源：电动自行车协会等相关部门。

2.4.2 电动自行车技术结构

从我国电动自行车技术现状来看，目前质量、速度等方面指标超标的电动自行车比例较高，电动自行车大型化、机动化趋势日益明显，已经成为严重的道路交通安全隐患。2006年以来，我国道路交通事故中涉及电动自行车的交通事故以33.8%的速度递增。电动自行车道路交通违法更是屡见不鲜，仅2010年就查处电动自行车交通违法430.5万起，查处比例超过10%的交通违法行为有三类，分别是超速行驶、违法载人、违反交通信号灯行驶，查处比例超过5%的交通违法行为主要是违法逆向行驶、违法在机动车道行驶、违反路口通行规定等。

2010年，全国具备脚踏功能的骑行电动自行车1771.8万辆，不具备脚踏功能的电动自行车1395.2万辆。但从地区分布来看，全国各省（市、区）产销电动自行车中约有57%具备无脚踏骑行功能。上海、辽宁、陕西等地无脚踏骑行功能的电动自行车占比更高达90%，江苏、江西等地无脚踏骑行功能的电动自行车占比在60%以上，如图2－15所示。

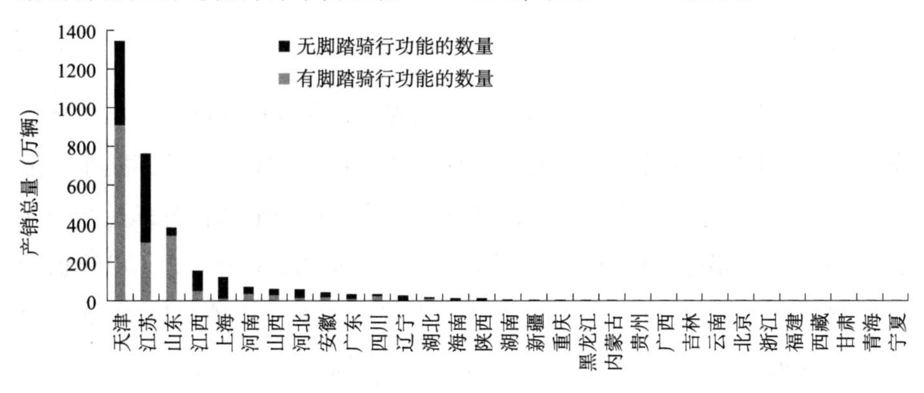

图2－15　全国有脚踏骑行和无脚踏骑行电动自行车分类数量

数据来源：电动自行车协会等相关部门。

目前，电动自行车发展最为明显的特征就是质量、速度超标。国家标准《电动自行车通用技术条件》GB 17761－1999中，将电动自行车的定义为："以蓄电池作为辅助能源，具有两个车轮，能实现人力骑行、电动或电助动功能的特种自行车"；并且，电动自行车最高车速应不大于20km/h，整车质量（重量）应不大于40kg，且必须具有良好的脚踏骑行功能。我国31省（市、区）产销的电动自行车中，质量超过40kg、速度超过20km/h的超标电动自行车占65.6%，超标电动车高达85%以上，天津、安徽、江苏等地的超标电动自行车超过了90%，如图2－16所示。

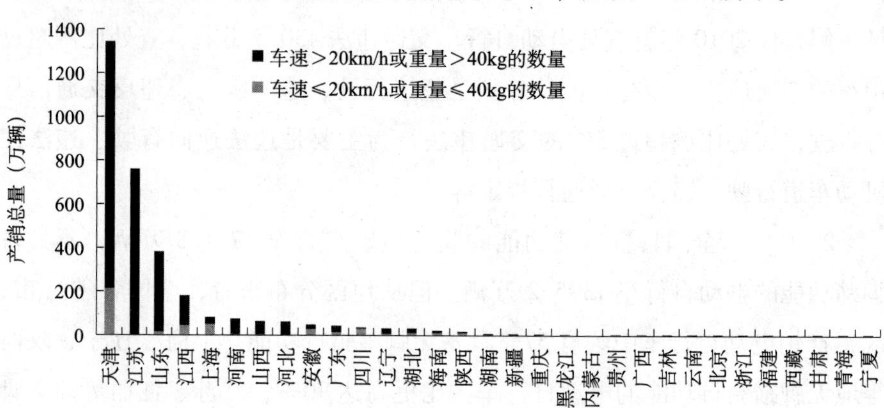

图2－16　全国电动自行车速度质量分类数量

数据来源：电动自行车协会等相关部门。

巨大的产销量背后是庞大的生产企业支撑，部分地区已经将电动自行车制造、零部件制造等作为当地的支柱产业。目前，电动自行车整车制造企业、零部件制造企业4千多家，具有生产许可证的电动自行车生产企业超过1900家。相应配套的物流、销售等从业人员约200万人，GDP产值约1500亿。但是，企业生产能力两极分化日趋严重，年产销量超过50万辆的仅30～40家，其余大量的生产企业多为小型企业，如图2－17所示。

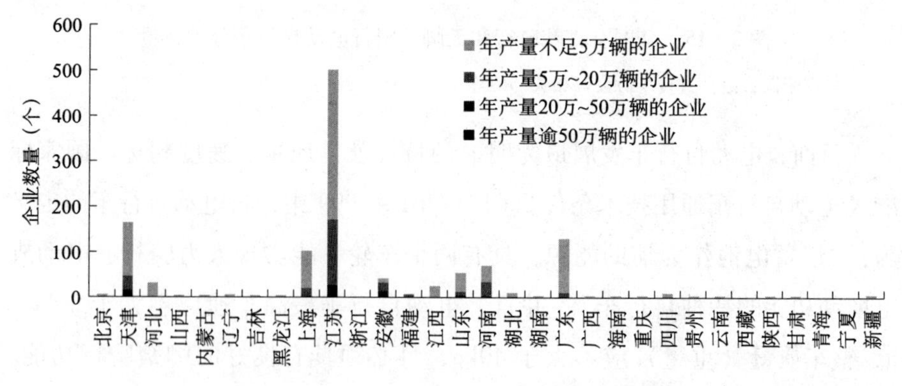

图2－17　我国电动自行车生产企业产能情况

数据来源：电动自行车协会等相关部门。

第3章　城市机动车驾驶人

近年，全国机动车驾驶人年均增长2100多万人，相当于同期全国城镇化人口增长量（2098万人），与澳大利亚全国总人口数基本持平。尽管受修订的《机动车驾驶证申领和使用规定》（公安部第123号令）实施初期考试模式调整和考试难度加大的影响，2013年驾驶人增量略低于前两年，但依然保持高增长趋势。截至2013年底全国机动车驾驶人数量达到2.79亿人，与2012年相比，增加了1789.7万人，增长6.85%。其中，汽车驾驶人为2.2亿人，占驾驶人总量的78.36%，与2012年相比，增加了1843.9万人，增长9.2%。汽车驾驶人数与汽车保有量比率为1.12:1。

3.1　机动车驾驶人

随着机动车由家庭生活的奢侈品转变为生活品，机动车驾驶也成为人们必备的基本技能，机动车驾驶人在人口比例中逐步得到提高。2013年，全国机动车驾驶人占总人口的20.5%，占适龄驾驶人（18~70周岁）的30%，相当于每5个人或每3个人中就有一人持有机动车驾驶证。社会环境变化、汽车性能改善降低了汽车驾驶的准入门槛，驾驶汽车不再是年富力强男性的“专利特权”和谋生手段，女性驾驶员、老年驾驶员在驾驶人中占比也有很大的提升。女性驾驶人占小汽车驾驶人总数的比例为31.9%，比十年前提高了22个百分点。近十年来，51~60岁年龄段的小汽车驾驶证年平均增长率达到12.2%，60岁以上年龄段小汽车驾照持有者的年平均增长率也到达9.3%。

全国36个大城市中，机动车驾驶人占当地人口比重超过20%的有29个城市，超过30%的有13个城市，分别是北京、杭州、广州、西安、海口、昆明、成都、宁波、南京、郑州、青岛、厦门和南昌，相当于在这些城市，每3人中即有1人持有机动车驾驶证；机动车驾驶人占人口比例小于20%的有7个城市，分别是重庆、合肥、兰州、石家庄、西宁、乌鲁木齐和拉萨，大部分为经济欠发达城市。

截至2013年底，全国36个大城市中机动车驾驶人为8745.9万人，比2012年增加8%，占全国机动车驾驶人的31.33%。36个大城市中，机动车驾驶人超过100万人的城市有29个，超过200万人的城市有17个城市。其中，北京机动车驾驶人数最高，达到了887.1万人，上海、重庆、成都、广州4个城市的机动车驾驶人也超过了400万人，低于100万的城市有9个，分别为贵阳、厦门、呼和浩特、兰州、乌鲁木齐、海口、银川、西宁和拉萨，如图3-1所示。

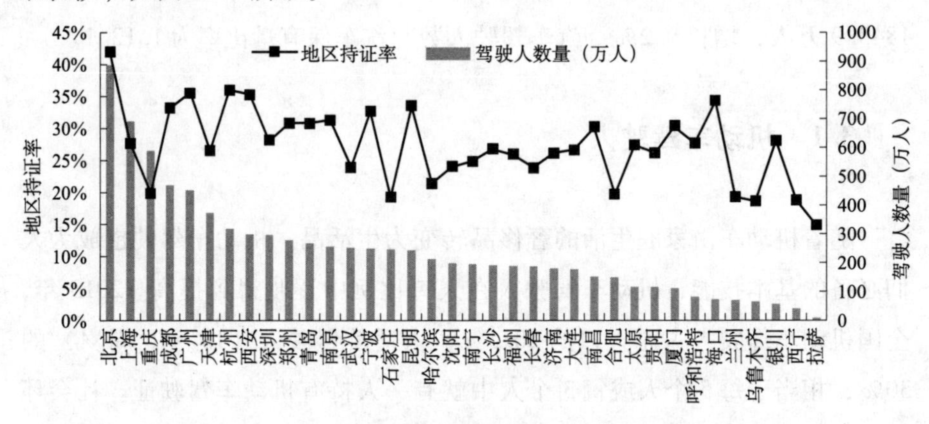

图3-1　全国36个大城市机动车驾驶人数量及地区持证率

2013年，全国机动车驾驶人数量与机动车比为1.12∶1，36个大城市机动车驾驶人数量与当地机动车比为1.43∶1。其中，上海、南昌2个城市的机动车驾驶人与机动车比例超过了2.0，仅有拉萨机动车驾驶人与机动车的比例小于1.0，表明拉萨市机动车保有大于驾驶人数量，如图3-2

所示。

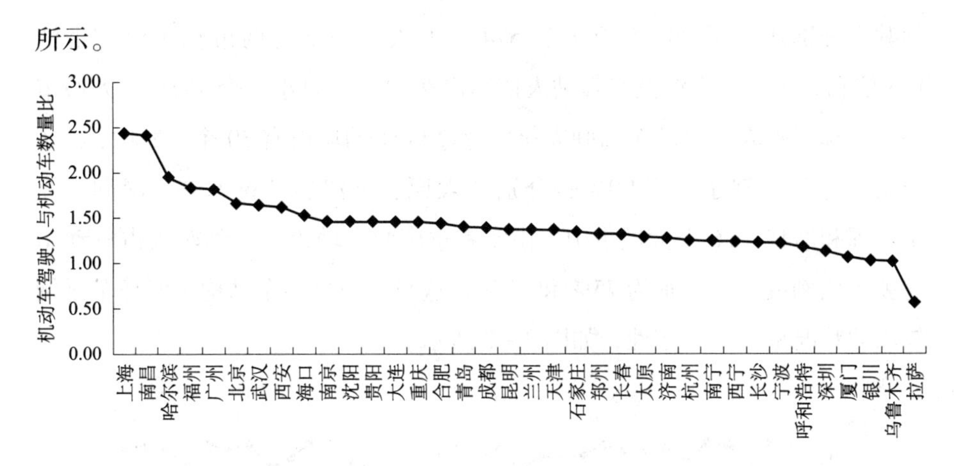

图 3－2　全国 36 个大城市机动车驾驶人数量与机动车数量比

数据来源：公安部交通管理局 2013 年机动车和驾驶人统计数据。

3.2　汽车驾驶人

2013 年，全国汽车驾驶人达到 2.2 亿人，与汽车保有量之比达到 1.6∶1，具有驾驶汽车资格的驾驶人数量远超汽车保有量。全国 36 个大城市汽车驾驶人共计 7187.4 万人，比 2012 年上升 9.77%，占全国汽车驾驶人总数的 32.86%，与 36 个大城市汽车保有量之比达到 1.5∶1，与全国情况基本持平。

2013 年，南宁跻身百万驾驶人城市，全国 36 个大城市中，汽车驾驶人超过 100 万的城市达到了 27 个；同年，南京、宁波 2 个城市汽车驾驶人突破 200 万，汽车驾驶人超过 200 万的城市达到了 15 个。其中，汽车驾驶人超过 300 万人的城市有 6 个，分别是北京、上海、成都、重庆、天津和广州，北京以 809.5 万汽车驾驶人数量遥遥领先于其他城市。汽车驾驶人数量低于 100 万的城市有 8 个，分别为呼和浩特、贵阳、厦门、拉萨、兰州、西宁、银川和乌鲁木齐。值得强调的是，虽然北京和上海两市对机动车采取了限购措施，但是对驾驶人的增长并没有产生明显影响，两市汽车驾驶人分别达到了809.5万人和574.0万人，分别是两市汽车保有量的1.6倍和2.4倍，上海汽车驾驶人使用汽车的几率更小。全国36个大城市中，汽车驾驶人占机动车驾驶人比例超过90%的城市有30个，其中，有6个城市这一比例超过了99%，分别是太原、天津、乌鲁木齐、深圳、北京、呼和浩特。36个大城市中，南宁和重庆两个城市汽车驾驶人占机动车驾驶人比例最小，分别为75%和65%，这与当地机动车结构中摩托车比例较高的状况呈现出一致性，如图3－3所示。

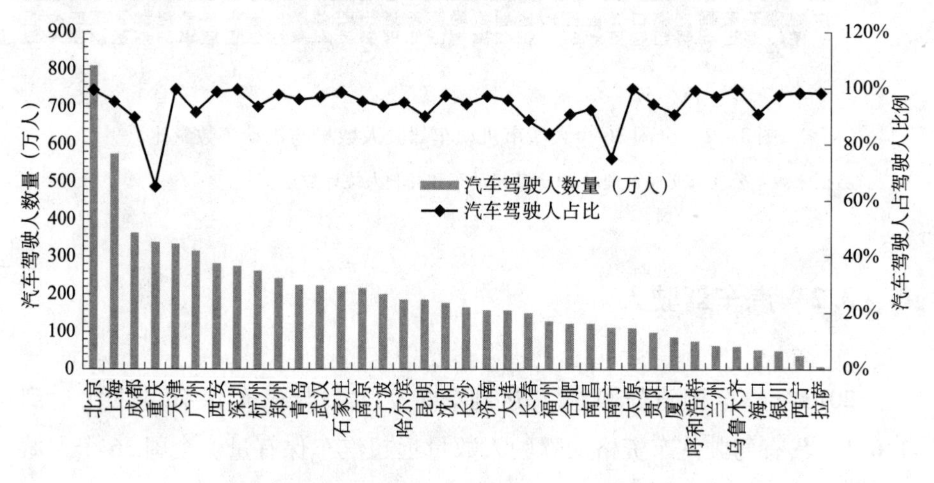

图3－3　36个大城市汽车驾驶人数量及占机动车驾驶人比例

我国大城市是汽车和汽车驾驶人较为集中的地区。2013年，全国36个大城市中，有34个城市汽车驾驶人与当地汽车保有量比例超过1.0，超过全国平均水平1.12的城市有33个。其中，上海和南昌2个城市的汽车驾驶人与汽车保有量比例超过了2.0，分别达到2.42和2.17。乌鲁木齐、拉萨2个城市的汽车驾驶人小于汽车保有量，分别达到0.99和0.61，说明这两个城市一人多车的现象较为显著，如图3－4所示。

汽车保有量增加与驾驶证的拥有有着直接的相关关系。通过拟合全国36个大城市千人汽车驾驶证拥有率与千人汽车保有量散点，可发现二者之间具备很强的线性关系，千人汽车的保有量随着驾驶证拥有水平的提升同

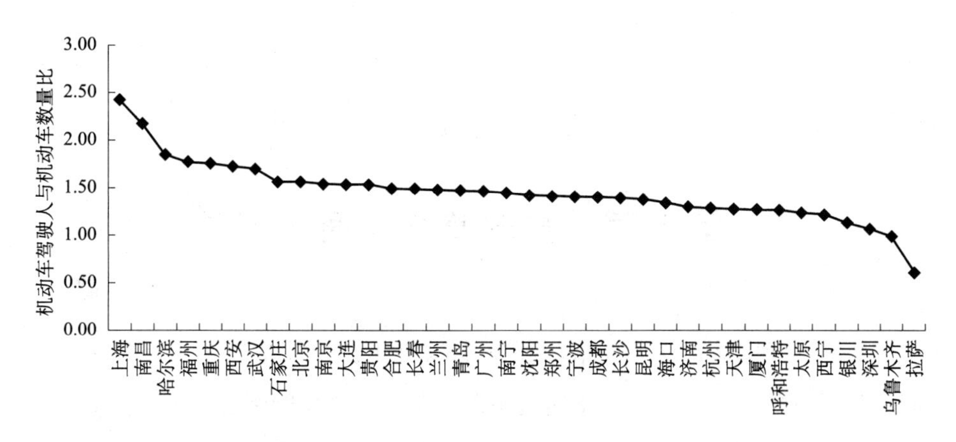

图 3－4　全国 36 个大城市汽车驾驶人数量与汽车数量比

数据来源：公安部交通管理局 2013 年机动车和驾驶人统计数据。

比例提升，如图 3－5 所示。

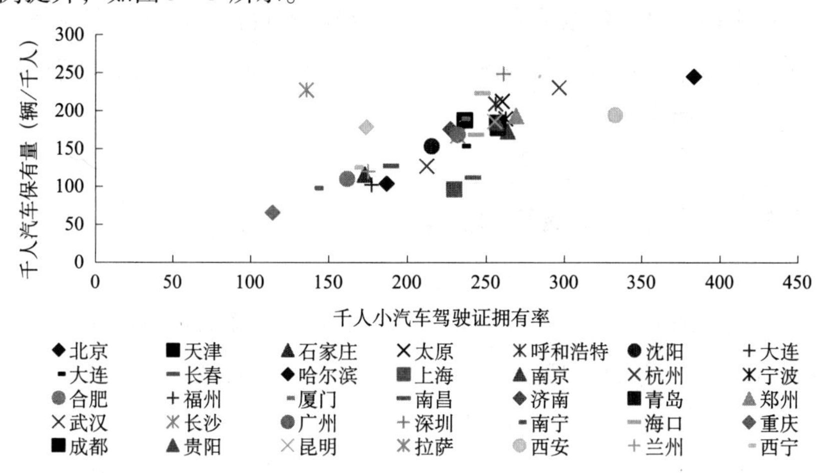

图 3－5　全国 36 个汽车驾驶证拥有和汽车拥有散点

数据来源：公安部交通管理局 2013 年机动车和驾驶人统计数据。

第4章 城市道路交通运行

当前，我国城市交通拥堵问题越来越突出，拥堵道路范围不断蔓延、拥堵时间不断延长、平均行车速度不断下降。从2013年情况来看，特大型城市交通拥堵现象仍在进一步加剧，而省会城市的交通拥堵正在全面蔓延。随着未来城市化、机动化水平的发展，城市道路机动车的出行总量仍在不断增加，交通拥堵仍会不断加剧，这需要进一步厘清城市交通运行现状，以便更科学更有效地采取相应对策，有效控制和优化机动车流量的时空分布，提高路网整体运行效率，从而在机动车总量不断提升的背景下，有效缓解城市交通的拥堵状况。

4.1 城市道路高峰平均流量

2013年，在城市机动车保有量和出行总量持续攀升的情况下，全国各大城市道路高峰时段平均流量依然居高不下。各主要直辖市及省会城市早晚高峰平均流量均超过3500pcu/h，其中上海、深圳、北京、广州、重庆5个城市早晚高峰流量已超过6000pcu/h，路段接近或达到饱和状态。上海早晚高峰流量达到8641pcu/h，是高峰小时流量最大的城市。尽管上海和深圳的机动车保有量比北京低，但由于北京实施了机动车限行政策，每天约有超过100万辆以上的机动车不能上路行驶，因此在早晚高峰流量情况来看，上海和深圳均要高于北京。与此类似的还有天津、石家庄、杭州和成都，在采取限行政策的情况下，早晚高峰平均流量比未采取限行城市的流量要低，均保持低于5000pcu/h的水平，如图4-1所示。

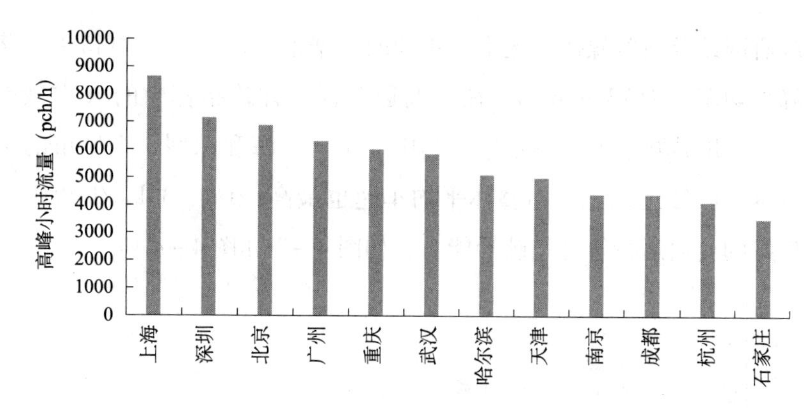

图 4－1　部分城市 2013 年主干路早晚高峰平均流量

数据来源：各城市政府网站及新闻媒体报道。

在月度交通流量方面，以北京为例，总体上早高峰流量要大于晚高峰流量。在 2 月份，由于大量外来人员离京返乡，加上过年长假，致使流量大幅回落，仅为年平均流量的一半左右。在 7 月暑期，早晚高峰流量较低，然后逐步上升，在 9 月和 10 月达到顶峰值，之后开始缓慢回落，如图 4－2 所示。

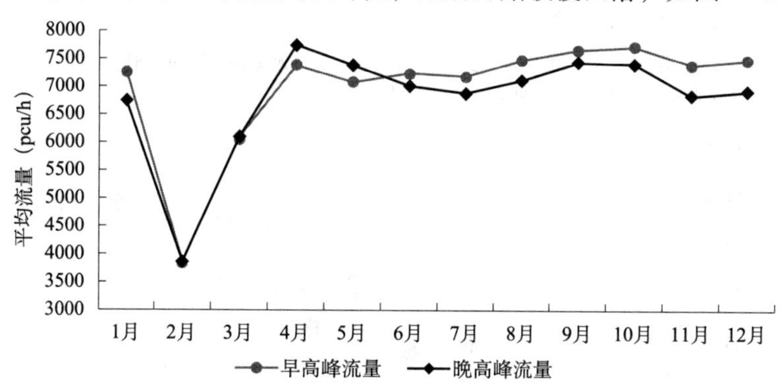

图 4－2　2013 年北京主干路早晚高峰平均流量

数据来源：北京市公安局交通管理局指挥中心。

4.2　城市道路高峰平均车速

2013 年，全国主干路早晚高峰平均车速总体处于正常水平。根据从各城市政府网站及新闻媒体报道上采集到的数据来看，22个大城市主干路早晚高峰平均车速为23.9km/h，在“畅通工程”评价指标中的A类城市为二等水平，B类城市为三等水平。其中北京、上海和深圳3个城市的主干路流量尽管已接近饱和，但整体平均车速也最高，均在30km/h以上，显示出良好的交通运行管理与疏导能力，如图4-3和图4-4所示。

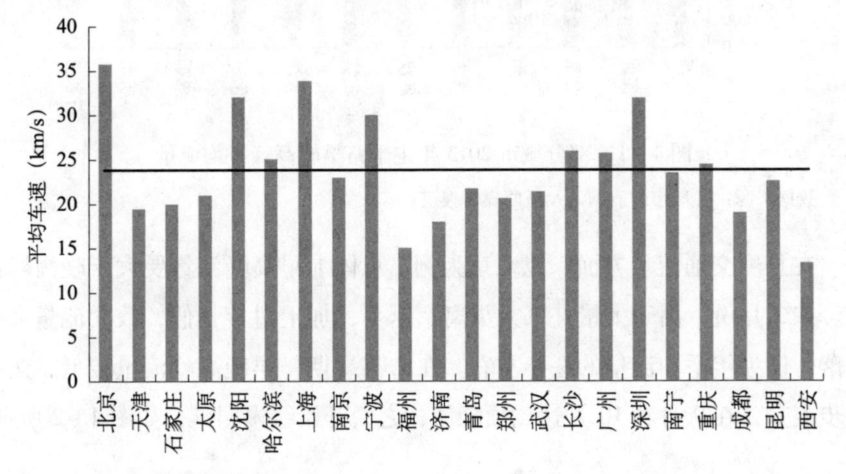

图4-3　部分城市2013年主干路早晚高峰平均车速

数据来源：各城市政府网站及新闻媒体报道。

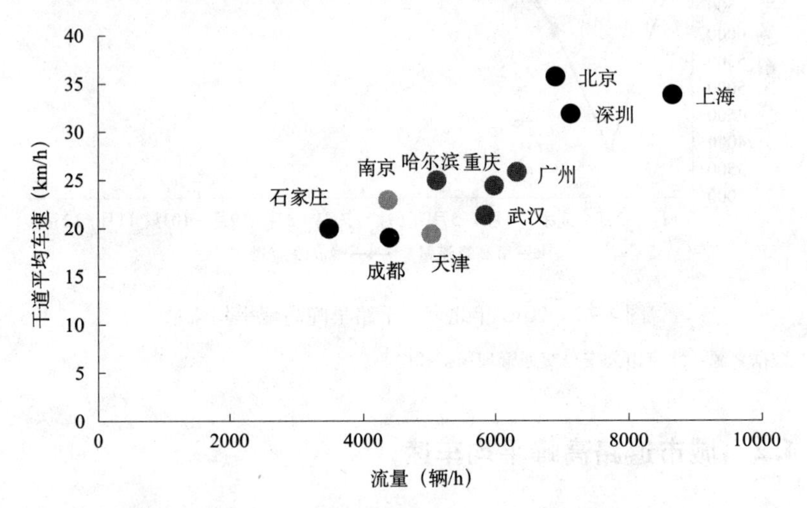

图4-4　部分城市2013年主干路小时流量与平均车速散点图

数据来源：各城市政府网站及新闻媒体报道。

4.3　城市道路交通拥堵指数

交通拥堵指数综合反映道路网畅通或拥堵的概念性指数值，目前北京、杭州、宁波、武汉、深圳等城市在按照相应标准统一采集、计算并向公众发布每日交通拥堵情况，上海则采用独立的采集和计算标准。从各地公布的情况来看，北京、武汉和广州都已进入到轻度拥堵阶段，深圳还处于基本畅通阶段，城市交通的总体运行态势最优，如表4－1所示。

全国部分城市中心城区2013年高峰时段平均交通指数　　表4－1

城市	中心城区2013年高峰时段平均交通指数	拥堵水平
北京	5.5	轻度拥堵
上海	未公开发布	—
杭州	未公开发布	—
宁波	未公开发布	—
武汉	5.2	轻度拥堵
广州	4.8	轻度拥堵
深圳	2.5	基本畅通

与早晚高峰流量类似，北京市早晚高峰交通拥堵指数也呈现出2月低谷、9～10月高峰的周期规律，全年整体都呈现出相近的变化趋势，即上半年拥堵情况要优于下半年。9～12月为拥堵最为集中月份，4～8月为拥堵平缓时段，1～3月为拥堵最轻时段，如图4－5所示。

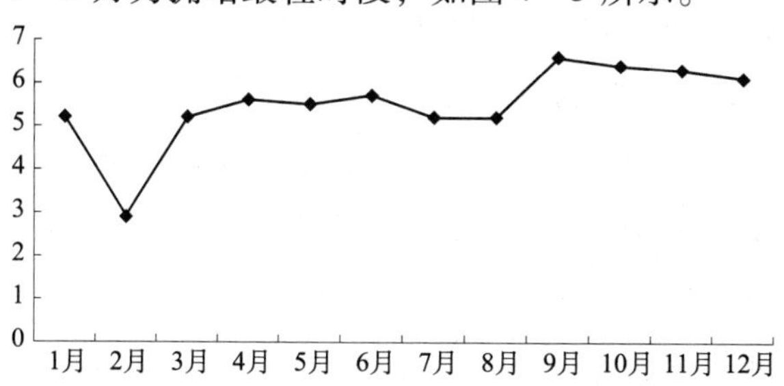

图4－5　2013年北京中心城区早晚高峰交通拥堵指数

数据来源：北京市交通委员会交通运行协调指挥中心。

4.4 城市交通拥堵路段比率

从全路网来看，不同特点的城市在不同发展阶段呈现出不同的路网运行状态，针对我国城市路网运行状态进行分析，对于宏观掌握全国城市交通运行情况，明确各城市所处的阶段并预测其发展态势具有重要作用。为解决各地交通运行数据采集、分析和判定标准不统一、无法进行横向比较的问题，笔者选择高德地图“实时路况”图层，以 2014 年 3 月、6 月、9 月和 11 月每 15 分钟的实时路况信息为数据源，将路况分为拥堵、缓行、畅通三个等级，进而对 20 个大城市的实时道路运行状态进行分析。

以北京市为例，2014 年 3 月 3 日至 4 月 3 日，北京市道路拥堵和缓行路段所占比率最高达到 0.37，即 37% 的道路长度都存在不同程度的拥堵，且存在明显的早、晚高峰。在工作日，北京市早高峰主要集中上午 8:00 左右，晚高峰主要集中在 18:30 左右，工作日早高峰拥堵率略低于晚高峰。在休息日，北京市早高峰主要集中在 10:00 ~ 11:00 左右，晚高峰主要集中在 16:00 ~ 19:00。总体来说，休息日的早高峰时间较为推后，晚高峰时间持续较长，路网高峰时间拥堵率也略低于工作日，如图 4 – 6 所示。

4.4.1 工作日路网拥堵率

以 20 个大城市中心城区 2014 年 3 月、6 月、9 月和 11 月工作日每 15 分钟的实时路况信息为数据源进行分析，结果如下：

（1）第一类（严重拥堵型）：北京，早晚高峰拥堵路段比例峰值均超过 20%，出现长时间大面积成片拥堵；早高峰持续 5h，午高峰持续 3h 直接进入晚高峰持续 3h，如图 4 – 7 中粗实线。

（2）第二类（次严重拥堵，早高峰平稳、晚高峰突出型）：早高峰较为平缓，高峰拥堵路段比例峰值在 20% 左右，持续 2h；午高峰较为明显，持续 3h；晚高峰持续时间长且拥堵程度高，高峰峰值约 20%，代表城市为

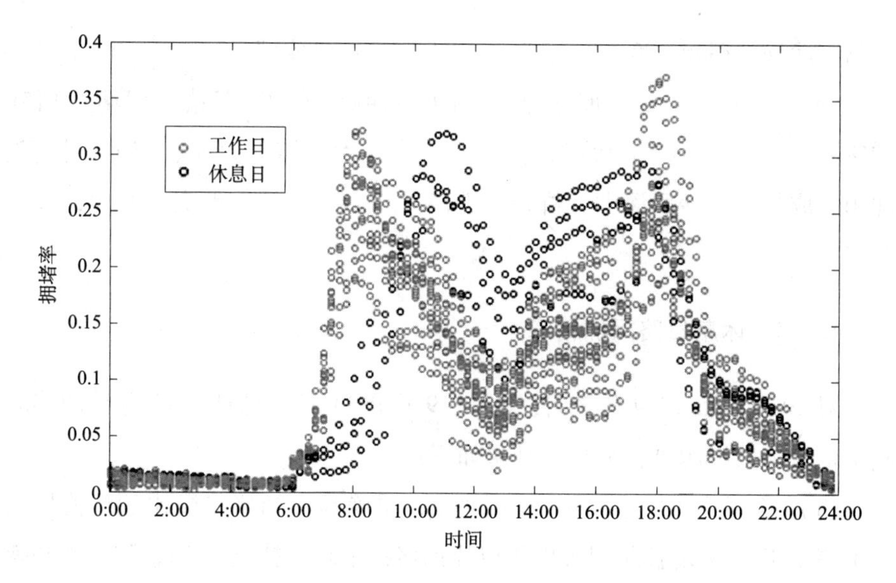

图 4－6　2013 年 3 月北京各时段拥堵和缓行路段比例

数据来源：高德地图。

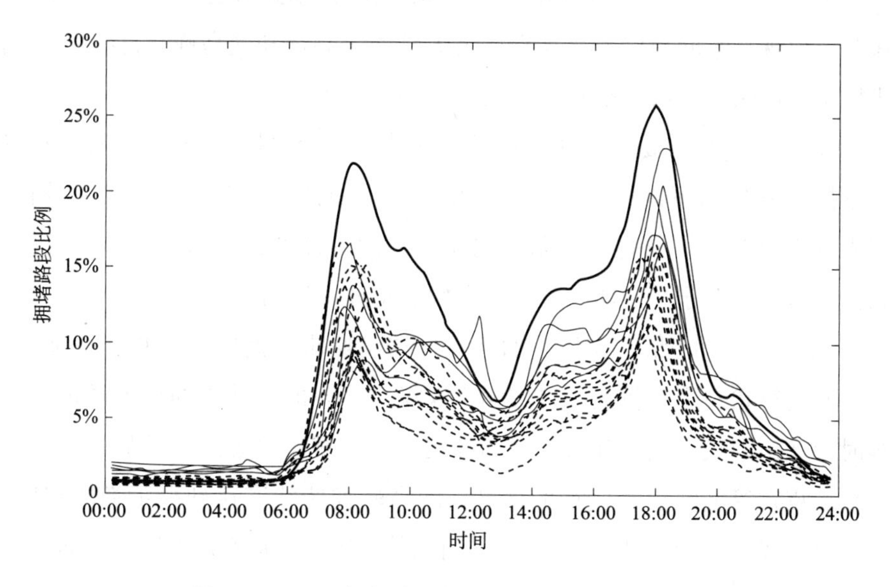

图 4－7　2014 年部分城市工作日拥堵情况分类图

数据来源：高德地图。

广州、武汉、福州、西宁、昆明，如图4－7中细实线。

（3）第三类（缓和拥堵型）：早晚高峰各有2h拥堵，拥堵峰值在10%～15%之间，拥堵状态较为缓和，代表为上海、大连、宁波、长春、沈阳、成都、长沙、深圳、杭州、天津、青岛、南昌、重庆、厦门，如图4－7中虚线。

4.4.2 休息日路网拥堵率

对20个城市2014年3月、6月、9月和11月休息日每15分钟的实时路况信息为数据源进行分析，结果如下：

（1）第一类（严重拥堵型）：北京，早晚高峰拥堵路段比例峰值均超过15%，仍然出现长时间大面积成片拥堵；早高峰持续2.5h，午高峰和晚高峰共持续4h，如图4－8中粗实线。

（2）第二类（次严重拥堵型）：早晚高峰拥堵路段比例峰值大多超过10%，出现长时间拥堵；早高峰持续2.5h，午高峰和晚高峰共持续4h，代表城市为广州、武汉、福州，如图4－8中细实线。

（3）第三类（缓和拥堵型）：早晚高峰相对不明显，全天拥堵比例多数维持在10%以下，仅有少许时段出现小范围拥堵，拥堵状态较为缓和，代表城市为上海、长春、沈阳、杭州、天津、青岛、南昌、重庆、成都、长沙、深圳、西宁、昆明、大连、厦门、宁波，如图4－8中虚线。

总体而言，以北京为代表的严重拥堵型城市，拥堵时间长、范围广，对路网运行状态影响较大；以广州、武汉为代表的次严重拥堵型城市，高峰时同样出现较大范围和较长时间拥堵，部分城市早晚高峰差异较大，在晚餐、夜宵等晚间活动盛行的地区，晚高峰拥堵状态达到严重拥堵程度；以上海为代表的缓和拥堵型城市，工作日早晚高峰也较为明显，但拥堵集中在较短时间的局部路段。

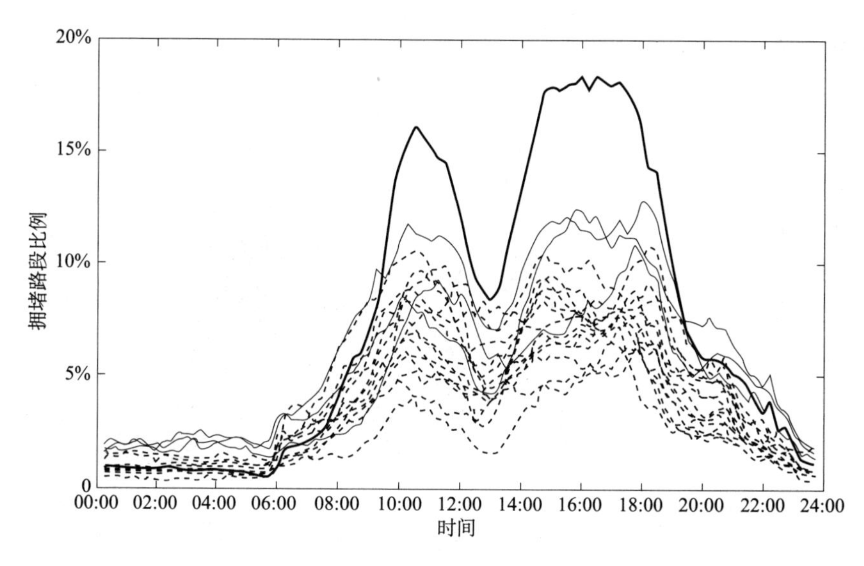

图4－8　2014年部分城市休息日拥堵情况分类图

数据来源：高德地图。

4.4.3　上下半年路网运行状态对比

以3月和6月作为上半年的代表月份，9月和11月为下半年的代表月份，对2014年上下半年路网运行状态进行对比。总体来看，城市交通拥堵状态稳中有降。

在工作日方面，下半年城市交通拥堵状态相比上半年有所缓解。20个样本城市全天各时段拥堵路段比例平均值下降1.82个百分点。其中厦门、沈阳下降幅度最大，分别下降4.46和3.92个百分点。深圳、西宁拥堵路段增加比例最大，分别增加3.73和3.32个百分点。工作日路网拥堵路段比例分布情况如图4－9和图4－10所示。

对比上半年，下半年休息日的城市交通拥堵状态也有所缓解。20个样本城市全天各时段拥堵路段比例平均值下降1.69个百分点。其中厦门、长春下降幅度最大，分别下降4.1和3.73个百分点。西宁、深圳拥堵路段增加幅度最大，分别增加2.76和1.93个百分点。休息日路网拥堵路段比例分布情况如图 4－11 和图 4－12 所示。

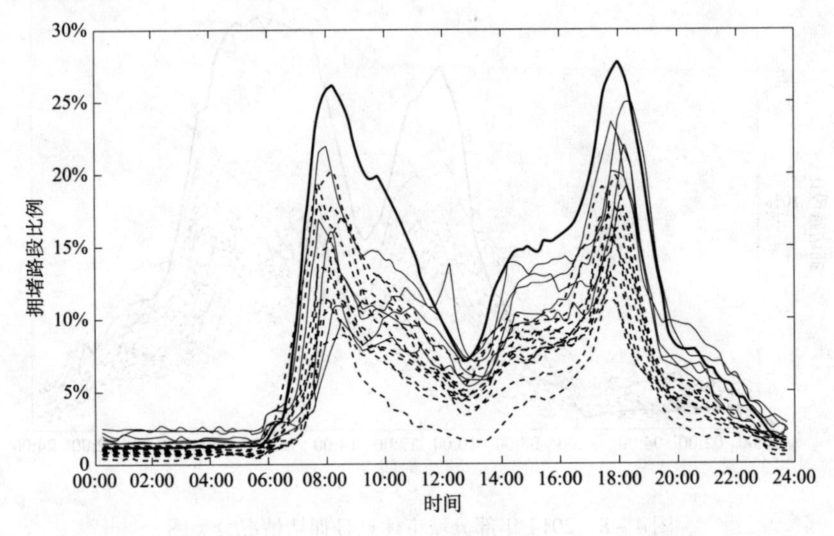

图 4－9　2014 年上半年（3 月、6 月）部分城市工作日拥堵情况分类图

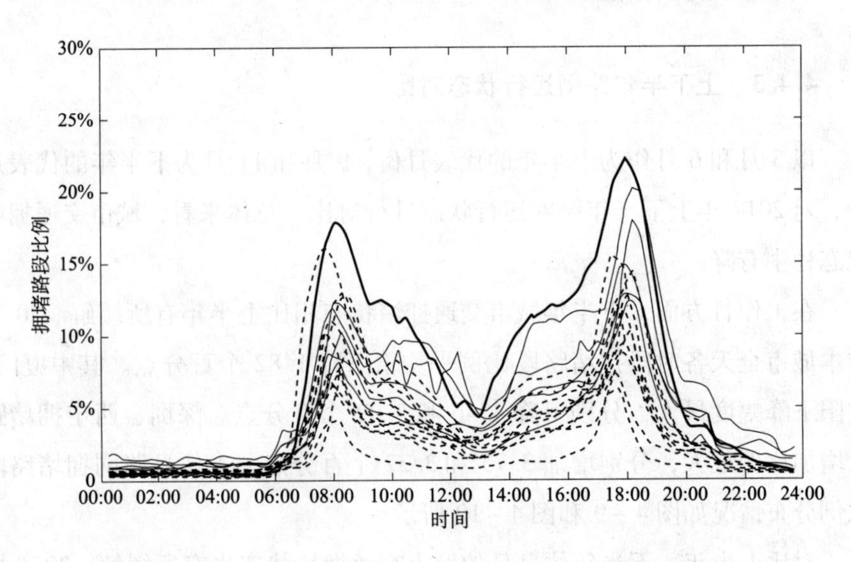

图 4－10　2014 年下半年（9 月、11 月）部分城市工作日拥堵情况分类图

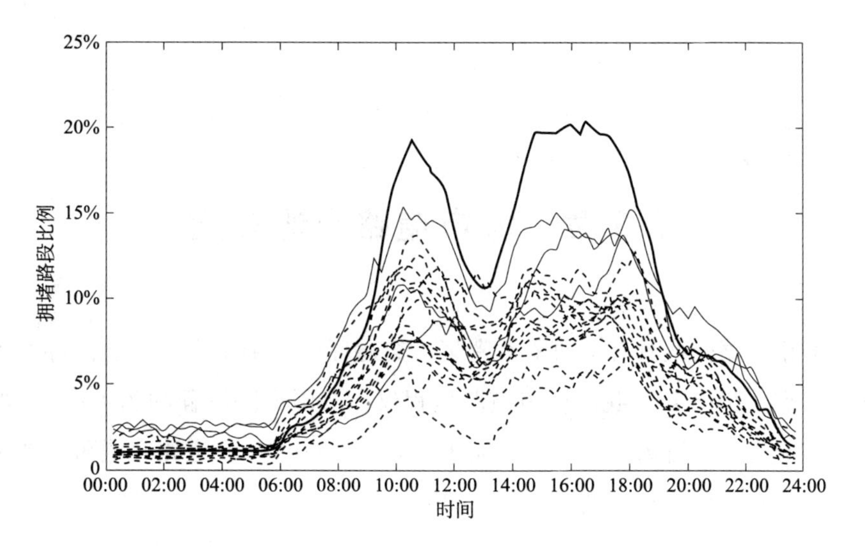

图 4－11　2014 年上半年（3 月、6 月）部分城市休息日拥堵情况分类图

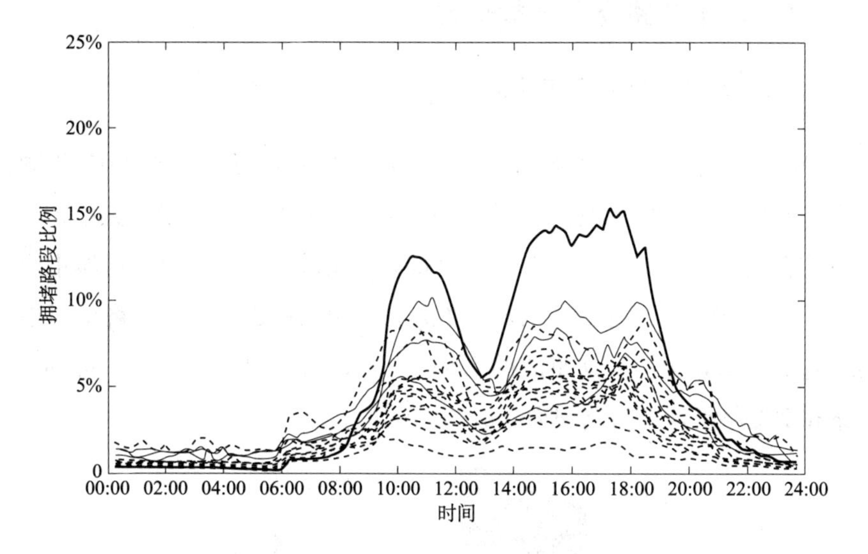

图 4－12　2014 年下半年（9 月、11 月）部分城市休息日拥堵情况分类图

第 5 章　城市道路交通安全

城市道路交通具有交通要素密集、交通环境复杂多变、交通流冲突点多的特点。2013 年，我国城市道路里程仅占全国道路里程的 7.4%，但城市道路交通违法行为却占全国交通违法数量的 60.2%，道路交通事故数量和死亡人数占比分别达到了 40% 和 29%。

5.1　城市道路交通事故情况

5.1.1　城市道路交通事故数量

2013 年，全国城市道路发生道路交通事故 8.4 万起，比 2012 年同比下降 1.5%，占全部道路交通事故的 42.4%，如图 5－1 所示。其中，一般道路（含主干路、次支路）上共发生 6.7 万起道路交通事故，占城市道路交通事故的 79.6%，比 2012 年下降 1.1%；快速路上发生道路交通事故 6338 起，占城市道路交通事故的 7.5%，比 2012 年下降 6.2%。可见，主干路和次支路是城市道路交通事故的主要发生地。

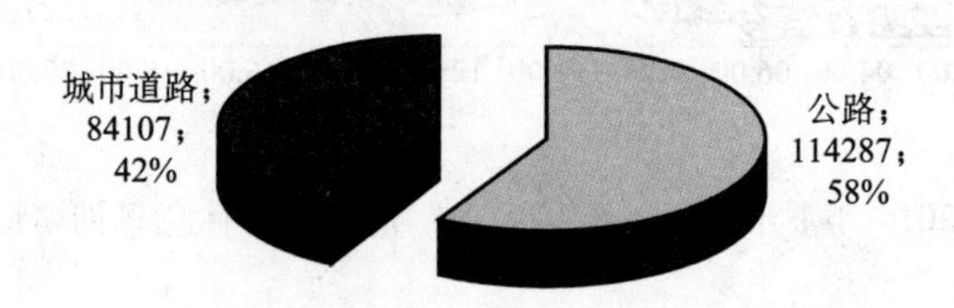

图 5－1　全国道路交通事故分道路类型情况

数据来源：公安部交通管理局道路交通事故统计数据。

全国 36 个大城市共发生道路交通事故 5.6 万起，占全国道路交通事故的 28.2%。道路交通事故数超过 36 个大城市的平均事故数的城市有 14 个，多为机动车保有量较大、社会经济相对较好的城市；而道路交通事故数量低的城市多为中西部人口相对较少、经济较为滞后、机动车保有量较低的城市。

5.1.2　城市道路交通事故人员伤亡情况

2013 年，全国城市道路共造成 1.68 万人死亡，其中，城市一般道路上的交通事故导致的死亡人数为 1.3 万人，占城市道路死亡人数的 75.7%，比 2012 年下降 1.9%；快速路上交通事故死亡人数为 1540 人，占城市道路死亡人数的 9.1%。

2013 年，全国城市道路共造成 8.75 万人受伤，其中，城市一般道路、快速路受伤人数分别占城市道路交通事故受伤人数的 79.1% 和 7.7%，比 2012 年分别下降 2.84%、5.06%。

2013 年，36 个大城市道路交通事故的死亡和受伤人数，分别占全部道路交通事故死亡人数和受伤人数的 24.6% 和 28.6%，平均每个城市因道路交通事故死亡 400 人、受伤 1696 人。

5.2　城市道路交通事故平均伤亡率

在人口、机动车保有等总体规模差异较大的情况下，道路交通事故死伤人数的绝对数量难以比较一个地区的道路交通安全形势，采用相对指标衡量更能发现各地道路交通安全管理水平，因此选择世界上通用的 10 万人口死亡率和万车死亡率对地区交通安全形势进行客观评估。

5.2.1　十万人口死亡率

根据交通事故死亡人数在人口中比例测算，全国 36 个大城市道路交通事故人口伤亡水平较高，且大多集中在经济欠发达城市，说明其在急速的机动化、城市化中面临着艰难的道路交通安全改善问题。2013 年，全国道路交通事故 10 万人死亡率为 4.3 人，全国 36 个大城市道路交通事故 10 万人口死亡率为 5.1 人，高于全国平均水平。36 个大城市中，道路交通事故 10 万人口死亡率超过全国平均水平的城市有 21 个，其中拉萨的 10 万人口死亡率最高，达到 14.41 人，郑州和石家庄 2 个城市的 10 万人口死亡率最低，分别为 2.28 人和 2.19 人。与发达国家相比，在欧美日韩等国家中，美国、韩国道路交通事故 10 万人口死亡率超过 10 人，其余国家保持在 3 ~7人/10 万人口之间。

5.2.2 万车死亡率

2013 年，全国道路交通事故万车死亡率为 2.34 人/万车，全国 36 个大城市道路交通事故万车死亡率平均 2.66 人/万车，略高于全国平均水平。全国 36 个大城市中，城市道路交通事故万车死亡率超过全国平均水平的城市有 21 个，万车死亡率低于 2.0 的城市有 13 个。从发达国家道路交通事故情况来看，除美国、韩国外，其万车死亡率一般都保持在 1.0 以下，日本、西班牙、英国等国家则保持在 0.6 人/万车左右。

5.2.3 道路安全综合分析

通过数学方法拟合全国 36 个大城市万车死亡率和 10 万人口死亡率散点图做进一步分析，可以看出，拉萨由于其 10 万人口死亡率和万车死亡率均远远高于其他城市而独立成为一类城市道路交通安全高危城市；广州、杭州、乌鲁木齐、长春、西宁、兰州等城市的 10 万人口死亡率和万车死亡率分别均在 6 人/10 万人口、3 人/万车以上，其道路交通安全水平也相对较为薄弱；郑州、石家庄、大连等城市以低于 3 人/10 万人口、2 人/万车的交通安全情况相对较好，如图 5 -2 所示。

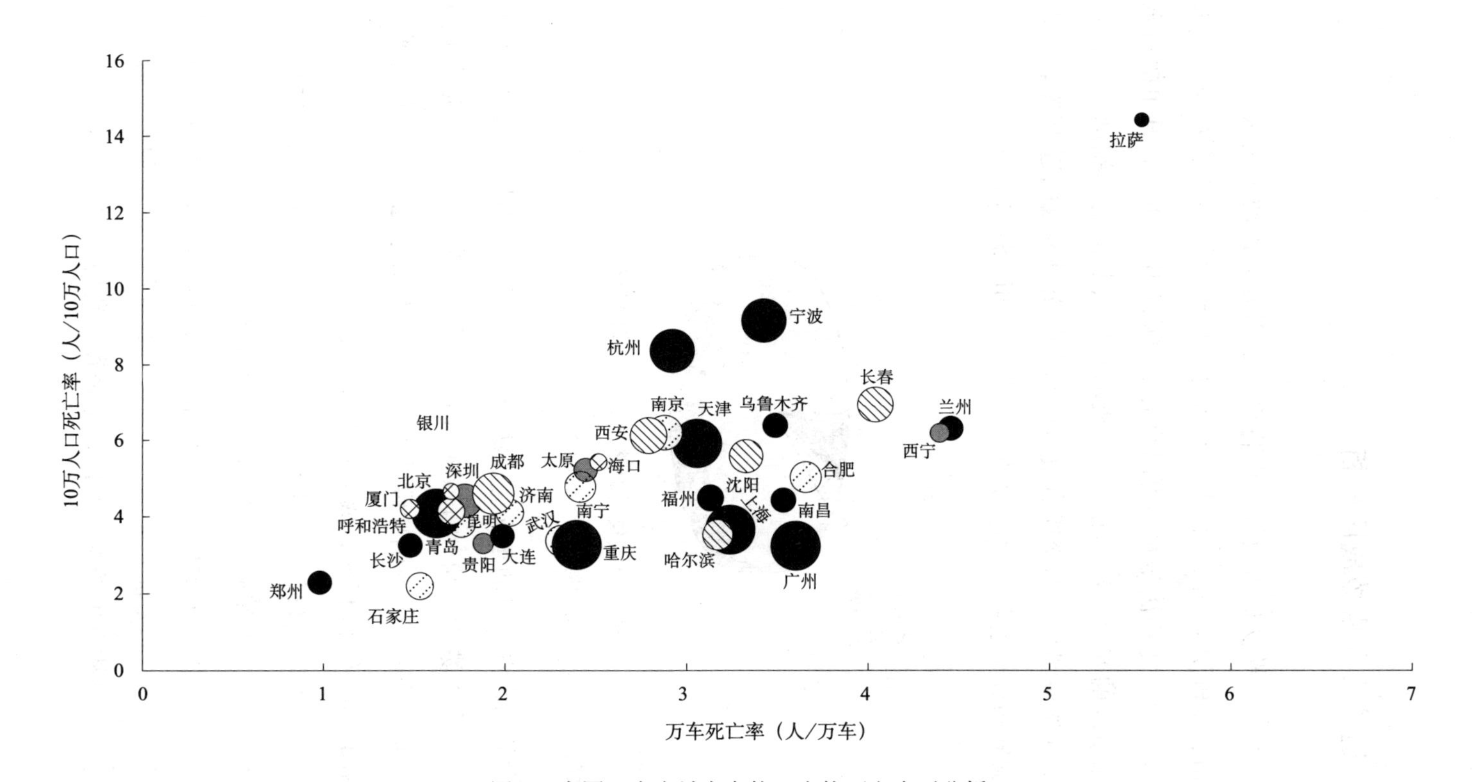

图5-2 全国36个大城市车均、人均死亡水平分析

数据来源：公安部交通管理局道路交通事故统计数据。

5.3 道路交通事故成因分析

目前，我国道路交通事故统计中将事故成因分为机动车违法、机动车非违法过错、非机动车违法、行人乘车人违法、道路原因和意外等六个大类。2013 年，机动车违法是我国道路交通事故成因中的主体，其事故占全部道路交通事故的 88.95%。此外，非机动车违法及机动车制动不当、转向不当等非违法过错导致的交通事故占全部道路交通事故的近 10%，与机动车违法共同构成了道路交通事故的三大成因，如图 5－3 所示。

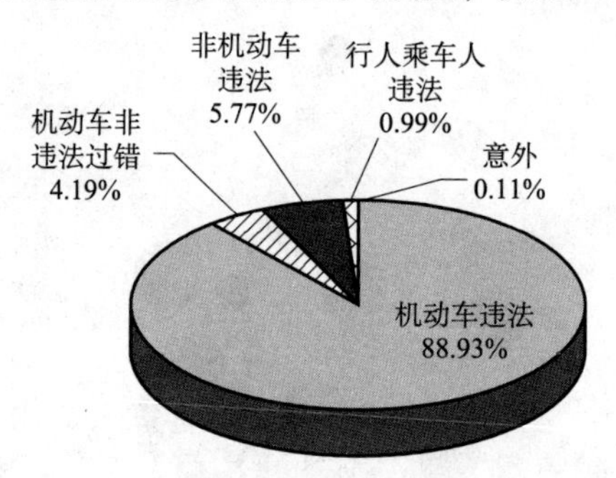

图 5－3　我国道路交通事故成因分布

数据来源：公安部交通管理局道路交通事故统计数据。

从伤亡数据来看，机动车交通违法仍然是道路交通事故致死致伤的主要原因。在受伤人数中，机动车交通违法致因占比为 70%，非机动车违法、机动车非违法过错等原因导致的事故受伤人数分别占全部道路交通事故受伤人数的 16.6% 和 12%，成为致伤的重要原因。

在机动车交通违法行为中，未按规定让行、无证驾驶、超速行驶、逆向行驶等交通违法行为是造成事故发生最为主要的原因。2013 年，全国发生的道路交通事故中，由于机动车未按规定让行造成的交通事故最高，占事故总量的 14.77%，无证驾驶、逆向行驶、超速行驶等机动车交通违法行为不仅是导致事故发生的主要原因，也是致死致伤的重要原因。

2013 年，我国道路交通事故死亡人数中，前四位因素为：机动车未按规定让行、无证驾驶、超速行驶、逆向行驶等违法行为，分别占 10.64%、9.63%、5.25% 和 4.36%。道路交通事故受伤成因与死亡成因较为相似，事故导致受伤成因的前三位机动车交通违法是未按规定让行、无证驾驶和逆向行驶，导致人员受伤数分别占全部道路交通事故受伤人数的 14.62%、7.98% 和 4.62%，如图 5－4 所示。

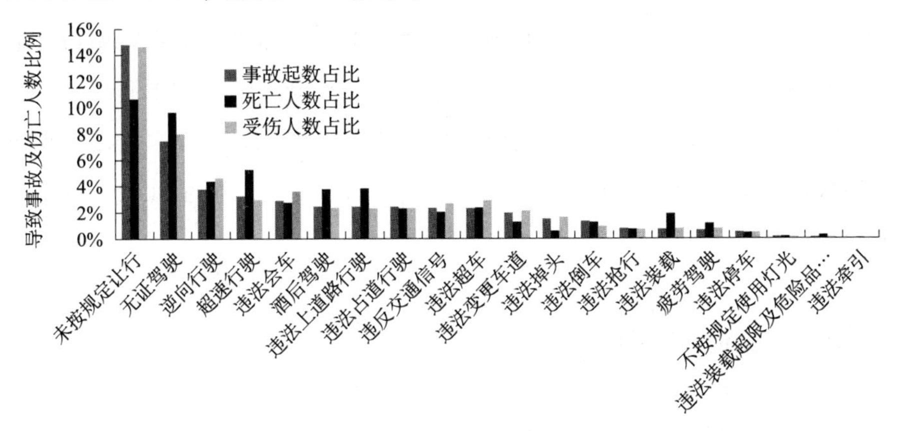

图 5－4　全国道路交通事故机动车违法导致事故发生、致伤、致死情况分布

数据来源：公安部交通管理局道路交通事故统计数据。

第 6 章　城市交通安全与文明宣传教育

随着机动车、驾驶人总量和道路里程的不断增加，负责日常城市交通管理的警力和装备逐渐凸显不足。受制于国家对警员编制的限制环境，为解决警力问题，需要一方面征调协管员来协助管理，另一方面也需要依靠宣传教育来发动人民群众的力量自觉维护交通秩序，形成全社会倡导的文明交通出行环境。

6.1　交通广播电台

1992 年，上海市开办了全国第一个交通广播电台“上海人民广播电台交通信息频道”。目前，交通广播电台已经覆盖全国所有省会城市、绝大多数地级市和部分县级市。2013 年，全国共有各类广播电台 1203 个，其中交通类广播电台 249 个，占全国电台总量的 21%，如图 6 - 1 所示。

据相关统计数据显示，2013 年，全国广播听众规模 6. 72 亿人，交通类电台市场份额为 32. 6%，较 2012 年上升 1. 2%，如图 6 - 2 所示。据此估算，全国交通广播电台听众规模已达到 2. 19 亿人。

在全国各大区域中，交通频道与其他频道相比，总体都非常受欢迎，特别是华中和华南地区，其市场份额已经超过 30%，如图 6 - 3 所示。其中，湖南交通频道、深圳交通台、楚天交通广播等频道在当地都拥有较为广泛的听众群体。

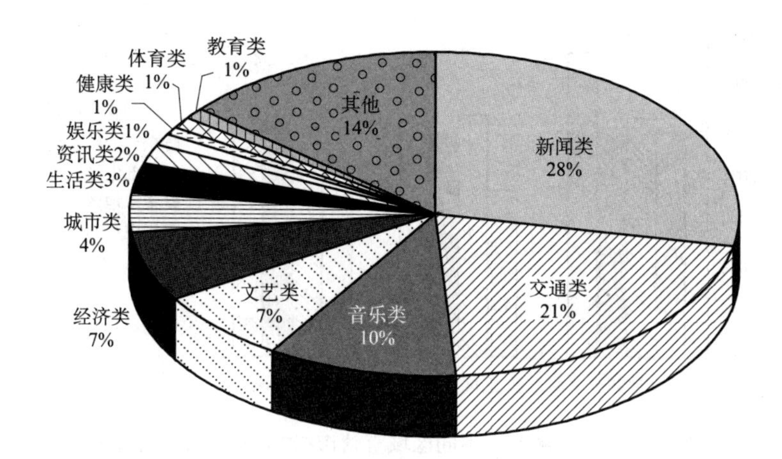

图6－1　2013年全国不同类型广播电台数量占比

数据来源：赛立信媒介研究有限公司统计数据。

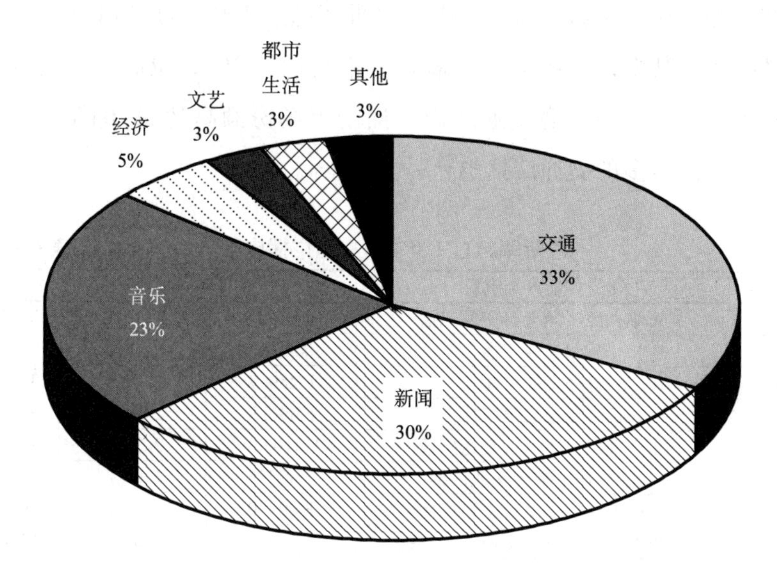

图6－2　2013年全国广播收听市场各类频率市场份额

数据来源：赛立信媒介研究有限公司统计数据。

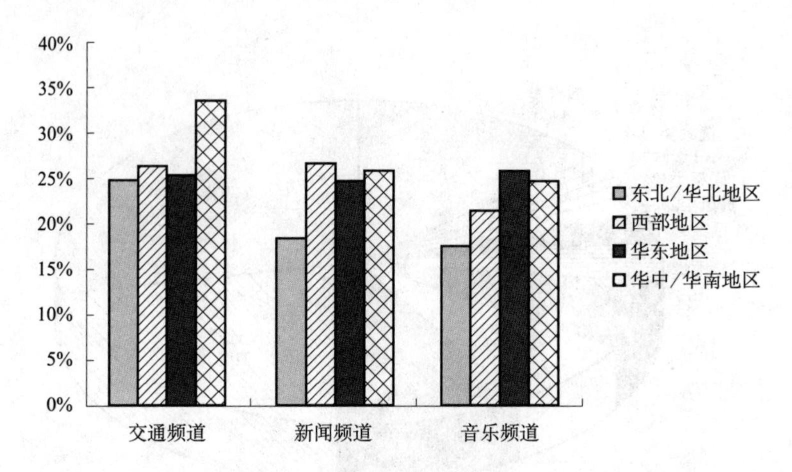

图 6－3　交通频率在不同区域直辖市/省会城市的市场份额

数据来源：赛立信媒介研究有限公司统计数据。

在全国 249 个交通广播电台中，收听率超过 1.0% 的有 14 个，具体如表6－1所示。其中，天津交通广播收听率高达 3.2%，位居全国交通广播电台收听率榜首。而长春交通之声广播的市场份额高达 38.64%，为全国占有市场份额最多的交通广播电台。

收听率超过 1.0% 的交通广播电台　　**表 6－1**

城市	交通广播电台名称	电台频率	收听率	市场份额
天津	天津人民广播天台交通广播	FM106.8	3.20%	27.27%
苏州	苏州交通广播	FM104.8	2.46%	26.73%
青岛	青岛交通广播	FM89.7	2.42%	31.49%
长春	长春交通之声广播	FM96.8	2.36%	38.64%
北京	北京人民广播电台交通广播	FM103.9	2.31%	30.05%
沈阳	辽宁广播电视台交通广播	FM97.5	1.65%	17.16%
乌鲁木齐	新疆人民广播电台交通广播	FM94.9	1.58%	19.43%
常州	常州人民广播电台交通文艺广播	FN90.0	1.57%	17.60%
泉州	泉州人民广播电台交通之声	FM90.4	1.43%	27.41%
东莞	东莞人民广播电台交通音乐频道	FM107.5	1.39%	31.90%
无锡	无锡广播电视台交通频道	FM106.9	1.29%	20.47%
深圳	深圳广播电台交通频道	FM106.2	1.25%	24.99%
长沙	湖南人民广播电台交通频道	FM91.8	1.18%	26.16%
太原	太原人民广播电台交通频道	FM107.0	1.12%	16.50%

数据来源：赛立信媒介研究有限公司统计数据。

6.2　交警业务及安全宣传官方网站

2013 年，除拉萨以外，全国 35 个大城市均已开设公安交通管理官方网站，见表 6－2。从点击量上看，日点击量超过 3 万次的为北京、宁波、成都和西安，其中北京交管局网站日点击量超过 5.8 万次，为全国最高。从业务功能来看，北京、南昌、济南和深圳市交警官方网站均已开通了路况信息、违法查询、车驾管业务、网上缴费、安全宣传等五项业务功能，其他大部分城市尚未开通路况信息和网上缴费业务。

35 个大城市交警业务及安全宣传官方网站一览表　　　表 6－2

城市	路况信息	违法查询	车驾管业务	网上缴费	安全宣传	网站地址	日均点击量（次）
北京	有	有	有	有	有	http：//www. bjjtgl. gov. cn	58519
天津	无	有	有	无	有	http：//www. tjcgs. gov. cn	997
石家庄	无	有	有	无	有	http：//cgs. jdcjsr. com	21375
太原	有	有	有	无	有	http：//ty. sxgajj. gov. cn	7220
呼和浩特	有	有	有	无	有	http：//www. hhhtgajt. com	28262
沈阳	无	有	有	无	有	http：//www. sygajj. gov. cn	29070
大连	无	有	有	无	有	http：//www. dalianjiaojing. com	11190
长春	无	有	有	无	有	http：//www. ccjg. gov. cn	11330
哈尔滨	无	有	有	有	有	http：//www. hrbjj. gov. cn	18126
上海	无	有	有	无	有	http：//www. shjtaq. com	24795
南京	无	有	有	无	有	http：//www. njjg. gov. cn	14987
杭州	无	有	有	无	有	http：//www. hzti. com	15152
宁波	无	有	有	有	有	http：//www. nbjj. gov. cn	34485
合肥	无	有	有	无	有	http：//www. hfjjzd. gov. cn	1368
福州	无	有	有	无	有	http：//jxj. fuzhou. gov. cn	24937
厦门	有	有	有	无	有	http：//www. xmjj. gov. cn	6175
南昌	有	有	有	有	有	http：//ncjj. nc. gov. cn	3990

续表

城市	路况信息	违法查询	车驾管业务	网上缴费	安全宣传	网站地址	日均点击量（次）
济南	有	有	有	有	有	http：//www. jnjj. com	2850
青岛	无	有	有	无	有	www. qdpolice. gov. cn	1045
郑州	无	有	有	无	有	http：//www2. zzjtgl. com	3549
武汉	有	有	有	无	有	http：//www. whjg. gov. cn	22800
长沙	有	有	有	无	有	http：//www. hncsjj. gov. cn	1282
广州	无	有	有	有	有	http：//www. gzjd. gov. cn	19000
深圳	有	有	有	有	有	http：//www. stc. gov. cn	15960
南宁	有	有	有	无	有	http：//www. nn122. gov. cn	11950
海口	无	有	有	无	有	http：//www. hkjxj. gov. cn	1045
重庆	有	有	有	无	有	www. cqjg. gov. cn/	17110
成都	无	有	有	无	有	http：//www. cdjg. gov. cn	48592
贵阳	无	有	有	无	有	http：//jjzd. gygov. gov. cn	11400
昆明	无	有	有	无	有	http：//jtaq. yninfo. com	23275
西安	无	有	有	无	有	http：//www. xianjj. com	36907
兰州	无	有	有	无	有	http：//www. lzgajj. gov. cn/	2850
西宁	无	无	无	无	有	http：//www. qh. xinhuanet. com/traffic	70
银川	无	有	有	无	有	http：//www. nxjj. gov. cn	2842
乌鲁木齐	无	有	有	无	有	http：//www. wlmqjj. gov. cn	3784

数据来源：Alexa 网站点击量查询。

6.3 微信及微博平台

随着智能手机的逐步普及，全国公安交通管理部门也随之开设了微信和微博平台。截至 2013 年底，全国交警官方微博公众账号共计 3093 个，微信公众平台 373 个。除公安部交通管理局官方微博、微信“公安部交通安全微发布”之外，各地也有 50 多个官方微博公众账号，粉丝数量超过了 10 万，山东总队微博粉丝数高达 254 万；青岛支队微博日均发布量超过 50 条，是日均发布量最高的微博。此外，还有像福建厦门“交警大刘”、

"交警陈清洲"、湖北武汉"警察三哥"、四川遂宁"Police 王"、新疆哈密"阿瓦古丽"等粉丝数量超过50万的交警个人微博账号，如表6-3所示。

2013年底粉丝数量超过10万的地方交警官方微博一览表　　表6-3

地区	粉丝数（万）	日均发布量（条）	成立时间
山东	254	5.9	2011年1月
湖南高速	213	13.8	2011年3月
北京	155	27.5	2013年5月
潍坊	94	57	2011年2月
湖北	87	9.6	2010年12月
广州	73	30.9	2011年4月
重庆	66	11	2011年2月
包头	64	3.2	2011年3月
湖北高速	59	8.1	2011年2月
深圳	58	3.3	2010年10月
广西	52	4.9	2011年1月
湖南	51	8.5	2011年1月
青岛	50	50.3	2012年3月
日照	47	16.3	2011年2月
铜仁	41	2.6	2013年2月
太原	36	3.6	2010年9月
安徽	34	3.5	2011年5月
呼和浩特	34	1.9	2011年2月
淄博	32	24.3	2012年3月
江西	33	4.5	2011年1月
海南	29	3.2	2011年2月
潍坊临朐	28	44.2	2012年2月
潍坊奎文	27	20.9	2011年11月
浙江高速	25	5.1	2012年3月
潍坊昌邑	23	35	2012年2月
甘肃	21	3.3	2011年2月

续表

地区	粉丝数（万）	日均发布量（条）	成立时间
成都	21	7.6	2010 年 11 月
潍坊寿光	21	28.7	2012 年 2 月
阿坝	19	0.6	2011 年 3 月
济南	19	22	2012 年 9 月
新疆高速	18	7.5	2011 年 1 月
青海高速	16	12	2011 年 1 月
银川	15	3.6	2011 年 2 月
福建	15	17.6	2012 年 3 月
益阳	15	0.9	2011 年 4 月
乌兰察布	14	2	2011 年 12 月
淄博车管	14	15.6	2011 年 11 月
潍坊安丘	14	16.4	2012 年 2 月
广西高速	13	2.2	2011 年 2 月
烟台车管	13	30.8	2011 年 11 月
长沙	12	11	2011 年 1 月
贵州	12	1.3	2011 年 3 月
南京	12	21.2	2011 年 12 月
吉林	11	5.6	2011 年 4 月
苏州	11	3.8	2011 年 1 月
济宁	10	6.2	2011 年 2 月
内蒙古	10	3.9	2011 年 10 月
宁波高速	10	15.8	2010 年 10 月
贵阳	10	4.7	2011 年 4 月

数据来源：新浪微博。

第 7 章　城市道路交通发展分析

2013 年，在居民经济水平持续改善的前提下，城市机动化进程仍然热情高涨，大城市道路交通拥堵持续加深，城市停车矛盾开始集中凸显，交通文明素养难以短期形成，道路交通违法和交通事故频发，而城市交通管理的力量却面临人员数量欠缺的规模问题和年龄老化、技术力量薄弱等内生动力不足的结构性困境，亟需改革转型以寻求突破。

7.1　城市道路交通发展形势

2013 年，中国城市道路交通发展也呈现出两个“引领”。一是大城市引领全国城市道路交通发展。36 个大城市仅占全国城市数量的 5.5%，面积为 54.56 万 km^2，仅占国土面积的 5.7%，人口为 1.69 亿，仅占全国总人口的 12.4%，但其国内生产总值（GDP）占全国的 41.8%，人均 GDP 达到 71625 元，比全国平均水平高出 72 个百分点，机动车、驾驶人、交通违法、交通事故等指标均超全国城市指标总量的 30%，成为全国城市道路交通发展态势的风向标，是城市交通管理的关注点和重要抓手。二是机动化引领新型城镇化发展。36 个大城市汽车、特别是小汽车化以超过 15% 的增长速度支撑着城市经济以 10% 的速度增长，刺激着城市规模以 4% 的速度扩张。机动车在城镇空间分布也与城镇化人口高度协同，机动车在城市市区分布达到了 70% 以上，甚至超过城市人口集中度。

2013 年，中国城市道路交通发展也面临两个“矛盾”。第一个矛盾是机动化需求膨胀与公共基础设施供给滞后的矛盾。面对 36 个大城市机动车、汽车、小汽车保有分别以9.15%、15.5%、32.5%的速度爆发式增长，尽管大部分城市投入超过市政公用设施投资的80%用于交通建设，依然难以与个体机动化发展相适应，50%的城市人均道路面积、路网密度、公交车辆数低于国家标准，几乎所有城市停车泊位不足机动车保有的一半，且结构比例严重失衡，有限的道路资源用于承担过量的车辆停放。欣慰的是，目前已有19个城市开通轨道交通，12个城市正在建设轨道交通，为城市交通转型储备力量，但大规模占道施工也为道路交通带来阵痛，更为运营期的巨大财政负担埋下了伏笔。第二个矛盾是机动化内部结构矛盾。与发达国家相比，我国城市小汽车比例仍然偏低，36个大城市小汽车占机动车比例仅为75%，部分城市摩托车比例超过50%。城市机动车、汽车、小汽车在市区高度集中，分别达到了74.6%、80.9%和81.7%。电动自行车保有量已达1.8亿辆，产销量中超标车占65.6%，部分省市超过了90%，再加上老年代步车、低速电动车等不断新生的违规车辆，成为机动化发展中不可忽视的“组成部分”。

2013年，中国城市道路交通管理还存在四个“风险”。第一个风险是道路交通秩序依然较为混乱。城市道路交通违法现象较为普遍，全国城市道路里程仅占全部道路的7.4%，但城市交通违法却占处罚总量的60.2%。在“史上最严”交规的严格执行下，机动车道路交通违法查处量剧增，超速行驶、不按规定停车、违反禁令标志指示位居前3名，但实际上，还有不少较为普遍的违法行为并未得到严厉查处。加大科技设施在交通违法行为上的查处应用，36个大城市非现场执法率高达64.66%。第二个风险是道路交通运行态势分化。经过发展速度相对较快且经历时间较长的机动化进程，特大城市已经形成相对成熟的交通治理模式，交通运行趋于稳定。而二、三线城市交通发展正在经历特大城市走过的发展路线，城市交通拥堵开始加剧，部分中小城市正处于交通秩序混乱的发展困境。第三个风险是道路交通安全形势严峻。尽管城市道路里程比例较低，但36个大城市事故数量、死亡人数比例分别超过全国城市的40%和28%，事故起数超过了

66.6%。机动车违法成为道路交通事故主要成因，事故数量的88.95%、死亡人数的91%均由机动车违法所致。第四个风险则是交通管理力量不足。面对全国城市33.6万km的城市道路、数以亿计的城市机动车和驾驶人，7万城市道路执勤民警应付不暇。同时还面临着40岁以上交警比例超过了60%的老龄化、专业化人才欠缺以及执勤执法装备不足等问题，对提升城市道路交通管理形成了严重制约。

7.2 城市道路交通发展类别分析

综合考虑了10项指标因子，笔者提出了城市道路交通发展指数的定义与计算模型，建立了城市道路交通发展类别分析方法，运算得到我国36个大城市的道路交通发展指数，应用类别分析方法，把36个城市划分为三类。

7.2.1 城市道路交通发展指数

（1）定义。为了合理、客观、公正地描述城市道路交通供需关系、城市道路交通执法管理情况以及城市道路交通安全状况，本书提出了城市道路交通发展指数的概念，用来对城市道路交通综合发展状况进行量化表征，衡量城市道路交通供需状况。

城市道路交通发展指数综合考虑了相关10个指标，分别为城市GDP、城市市区人口、城市建成区面积、城市道路里程、城市市区汽车保有量、城市汽车驾驶人数量、城市公共交通客运量、城市公共交通车辆保有量、城市交通事故和城市道路交通违法，运用数理统计理论，通过建立数据计算模型，得到发展指数计算方法。

（2）计算模型

$$T_s = \sum_{i=10} R_i \qquad (7-1)$$

$$R_i = \frac{X_i}{X_j} \tag{7-2}$$

式中 T_s——计算目标城市道路交通发展指数，s为36个大城市；

R_i——每一类影响因素指标因子，$i=1, 2, 3\cdots10$；

R_1——城市GDP因子；

R_2——城市市区人口因子；

R_3——城市建成区面积因子；

R_4——城市道路里程因子；

R_5——城市市区汽车保有量因子；

R_6——城市汽车驾驶人数量因子；

R_7——城市公共交通客运量因子；

R_8——城市公共交通车辆保有量因子；

R_9——城市交通事故因子；

R_{10}——城市道路交通违法因子；

X_i——每一类指标因素的原始数据值，$i=1, 2, 3\cdots10$；

X_j——每一类指标因素的选定目标值，j为固定值。

运用本书提出的城市道路交通发展类别分析方法，经过数据分析处理、计算，最终将36个大城市划分为三类，如表7－1和图7－1所示。

全国36个大城市道路交通发展指数　　表7－1

城市交通综合发展类型	序号	城市	城市道路交通发展指数
第一类型	1	北京	9.76
	2	上海	7.51
	3	天津	5.69
	4	广州	5.18
	5	深圳	5.00

续表

城市交通综合发展类型	序号	城市	城市道路交通发展指数
第二类型	6	重庆	4.63
	7	武汉	4.21
	8	成都	4.01
	9	南京	3.72
	10	杭州	3.61
	11	西安	3.27
	12	郑州	3.26
	13	青岛	2.93
	14	济南	2.84
	15	沈阳	2.81
	16	宁波	2.67
	17	大连	2.44
	18	昆明	2.38
	19	合肥	2.35
	20	哈尔滨	2.32
	21	南宁	2.30
	22	长沙	2.29
	23	长春	2.28
第三类型	24	福州	1.89
	25	太原	1.86
	26	海口	1.86
	27	贵阳	1.81
	28	石家庄	1.77
	29	厦门	1.64
	30	乌鲁木齐	1.38
	31	南昌	1.36
	32	呼和浩特	1.02
	33	银川	1.00
	34	西宁	0.94
	35	兰州	0.92
	36	拉萨	0.37

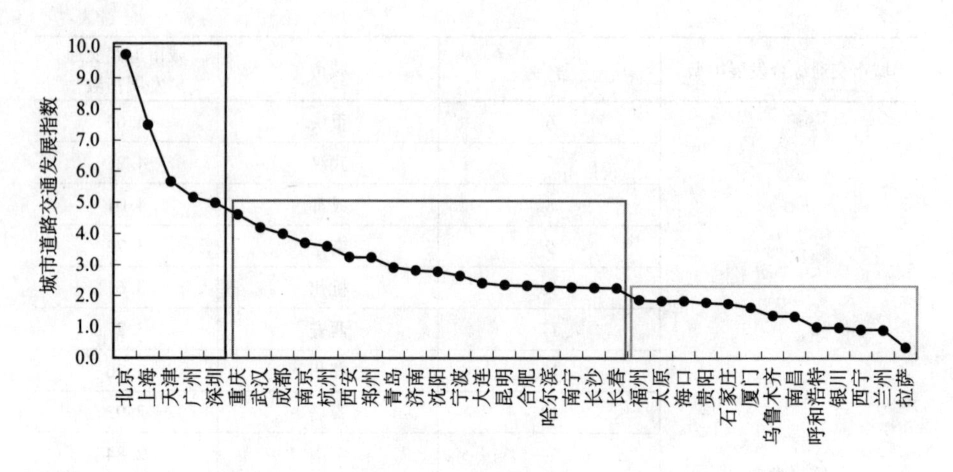

图 7－1　全国 36 个大城市道路交通发展指数

7.2.2　第一类城市

第一类城市的道路交通发展指数大于 5，共有 5 个城市，北京最高为 9.76，上海为 7.51，天津为 5.69，广州为 5.18，深圳为 5.0。

第一类城市呈现交通供需矛盾突出、交通运行压力巨大的普遍特征。这 5 个城市建成区面积超过 800km²，汽车保有量超过 200 万辆，除深圳以外，其他城市城区人口均超过 500 万人，产生了巨量的道路交通和停车需求。与此同时，第一类城市的路网密度低于国家标准的下限值（5.4km/km²），路网结构普遍失衡，停车泊位缺口比例超过 50%。针对严峻的供需矛盾，目前，第一类城市均建成使用城市轨道交通系统，均采取了严厉的机动车限购措施，形成了相对成熟完善的城市道路交通治理体系，城市交通运行状态趋于稳定，其中北京依然属于严重拥堵型城市，上海、深圳两个城市交通运行状态较为良好。

7.2.3　第二类城市

第二类城市共有 18 个，城市道路交通发展指数介于 2～5 之间，分别为重庆、武汉、成都、南京、杭州、西安、郑州、青岛、济南、沈阳、宁波、大连、昆明、合肥、哈尔滨、南宁、长沙和长春，其中，重庆的指数最高，为4.63，长春的指数为2.28。

第二类城市呈现交通要素飞速变化、交通管理多元探索的阶段性特征。第二类城市市区人口在200万~500万人，城市建成区面积为200~800km^2，汽车保有量为100万~200万辆，同样面临着机动车保有以超过10%的速度增长、道路密度不足、路网结构失衡、停车泊位缺口比例超过40%的供需矛盾变革，城市交通运行主要呈现缓和拥堵型。在经济水平迅速增长，城市交通要素剧烈变化中，此类城市针对自身的交通特性，正在探索各自的交通发展模式和路径，但仍未形成相对完善的治理体系。

18个城市中，已有13个城市建成运营轨道交通系统，尚处于起步发展阶段，距离网络化运营仍需时日。杭州注重城市交通管理精细化建设，加强对道路通行效率的提升；长沙强调道路停车秩序的管理，加大交警力量的投入建设；重庆克服山城不利交通条件，建设多元山城交通体系。

按照目前的机动化速度，未来3~5年，在当前机动车发展和管理政策不变的前提下，18个第二类城市的汽车保有量将全部突破150万辆。其中，重庆、成都、郑州和西安4个城市汽车保有量突破400万辆，武汉、南京、青岛、宁波、长沙5个城市汽车保有量突破300万辆，济南、沈阳、大连、昆明、合肥、哈尔滨、南宁和长春8个城市汽车保有量达到150万辆。而杭州由于实施了机动车限购政策，仍将保持每年12万辆的增长。

7.2.4　第三类城市

第三类城市共有13个，城市道路交通发展指数小于2，分别为福州、太原、海口、贵阳、石家庄、厦门、乌鲁木齐、南昌、呼和浩特、银川、西宁、兰州和拉萨，其中福州的指数最高为1.89，拉萨的指数为0.37。

第三类城市建设规模相对较小，尽管第三类城市的市区人口不足200

万、建成区面积不足 200 km^2、机动车保有量仍未突破 100 万辆，却呈现出交通供需矛盾日益严重，交通运行水平下降的趋势。第三类城市不仅正在经历第一、二类大城市走过的交通发展路径，同时还要面临交通安全形势严峻的现实困境。

第三类城市的 10 万人口死亡率、万车死亡率均处于全国 36 个大城市中前列，13 个城市中，有 6 个城市的 10 万人口死亡率排在 36 个大城市前十位之内，分别为拉萨、乌鲁木齐、兰州、西宁、海口和太原，有 5 个城市万车死亡率排在 36 个大城市前十位之内，分别为拉萨、兰州、西宁、乌鲁木齐和福州，拉萨则以 14.4 人/10 万人口、5.5 人/万车的交通事故死亡水平位居 36 大城市之首。

据预测，未来 3~5 年，13 个第三类城市仍将保持高增速发展，石家庄、厦门 2 个城市的汽车保有量将突破 200 万辆，福州、太原、贵阳、南昌、呼和浩特、乌鲁木齐、银川、兰州等 8 个城市的汽车保有量将突破 100 万辆，海口、西宁、拉萨也将达到 50 万辆汽车保有水平。

三类典型城市交通发展特征如表 7-2 所示。

三类典型城市交通发展特征汇总表 **表 7-2**

	第一类城市	第二类城市	第三类城市
城市数量	5 个	18 个	13 个
GDP	14000 亿元以上	5000 亿~14000 亿	5000 亿以下
人口	500 万以上	200 万以上	200 万以下
建成区面积	800km^2 以上	200~800km^2	200km^2 以下
市域汽车保有量	200 万辆以上	100 万~200 万辆	100 万辆以下
路网密度	北京、上海低于规范值	4 个城市低于规范值	8 个城市低于规范值
路网结构	除上海外，均为次干路严重不足	次支路比例较低	次支路比例较低
停车泊位缺口	除上海外，均大于 50%	差异化严重，基本大于 40%，个别城市超过 80%	大于 40%
万人拥有公交车数	全部满足国家标准 10 标台/万人要求	11 个城市低于 10 标台/万人	7 个城市低于 10 标台/万人

续表

	第一类城市	第二类城市	第三类城市
轨道交通建设	全部开通轨道交通，初步实现网络化运营	13 个城市开通轨道交通系统，正在进行大规模的轨道交通建设	尚未建设轨道交通系统
交通政策	全部采取机动车限购政策，实施多元化的政策措施，形成较为完善成熟的交通管理政策体系	针对城市交通需求增量较大的发展特征，采取了相应的政策措施，强调重点交通问题的解决	城市交通需求增幅飞快，注重个别方向交通治理政策的实施，尚未开展系统性的治理
交通违法	除深圳外，交通违法查处量均占 36 个大城市的 4% 以上	查处量占 36 个大城市的 1% ~4%	查处量小于 36 个大城市的 1%
交通事故	除深圳外，事故起数在 2000 起以上，伤亡人数在 2000 人以上	事故起数在 1000 ~ 2000 起，伤亡人数在 1000 ~ 2000 人	事故数低于 1000 起，伤亡数低于 1000 人；6 个城市 10 万人口死亡率 5.0 以上、5 个城市万车死亡率 3.0 以上，排名前十位
干道平均车速	北京处于严重拥堵，上海、深圳运行状态较为良好	路网运行状态呈现缓和拥堵型，但存在恶化趋势	路网运行状态相对较好
交通管理方向	大力发展轨道交通，强化交通需求管理，加大停车管理力度，加强城市交通发展综合研判	加快城市公交优先发展，加大道路交通违法查处力度，强化停车管理，提升智能交通发展水平	完善城市交通基础设施，全面推进步行、自行车、公交等绿色交通发展，严格道路交通秩序整治，提升科技应用水平

2014 年初，党的十八届三中全会提出要全面深化改革，推进国家治理体系和治理能力现代化的改革工作目标。根据当前我国城市发展情况，立足公安交通管理工作实际，分两年实施和五年实施提出相关建议如下：

7.3　城市交通发展与管理相关建议

7.3.1　科学规划引领城市交通发展

（1）协调城市规划与交通发展。树立规划先行意识，加强科学编制、完善和落实城市总体规划，从加大城市群区域协同发展、城市组团分布、协调产业布局、合理配置职住均衡等方面优化城市土地开发。提升城市综合交通体系规划实际作用，突出城市交通引领支撑城市发展功能，促进城市空间布局优化和功能疏解。增强城市发展规划的科学性和前瞻性，提升城市运行管理的智能化和精细化水平。

（2）全面落实城市交通各项规划。重视完善城市交通专项规划，推进城市交通安全管理规划、公共交通规划以及步行、自行车、停车系统等交通专项规划的编制，根据城市总体规划和综合交通体系规划的修订，同步修订完善各项交通专项规划。切实推动城市交通规划有效落实，制定年度实施计划，按照项目推动规划具体落实，建立规划落实跟踪评价和监督机制，每年年底要形成各项规划落实进度报告，作为政府绩效考核内容。

（3）严格落实交通影响评价制度。按照规划、建设、管理一体化要求，将城市建设项目交通影响评价制度全面纳入城市规划建设管理体系，将交通影响评价作为新建或改扩建项目规划阶段的强制要求，严格实行交通影响评价一票否决权制。对新建、改建城市道路的规划设计、施工方案审查、施工以及道路竣工验收等阶段全面落实交通影响评价。制定完善的交通影响评价管理办法和实施细则，完善交通影响评价标准和技术规范要求，明确交通影响评价的范围、内容和审批程序。

（4）加强城市交通总体研判分析能力。要科学制定城市交通政策，广泛征求意见，对于直接影响群众切身利益的应予以立法保障。科学研判城市机动化发展特点和趋势，特大城市和大城市要统筹考虑能源、环保、道路、停车泊位等承载能力因素，研究城市机动车总量合理范围，探索制定和实施城市机动车控制总量、压缩存量的政策及配套需求管理措施。逐步淘汰更新高排放、低安全性的在用车辆，积极推动和深化公务车改革，合理引导城市小汽车的发展与使用。

7.3.2 坚持优先发展城市公共交通

（1）科学制定城市公共交通发展模式。特大城市继续加大公交优先发展战略实施力度，严格控制个体机动车出行，形成以轨道交通、快速公交、常规公交为主导的公交发展模式。大城市要加快公共交通、步行和自行车等绿色交通方式的发展，适度调控个体机动车出行，形成绿色交通方式为主体、个体机动车交通为补充的城市综合交通系统。中小城市要持续完善和规范城市交通基础设施，重点发展步行和自行车交通，提高公共交通可达性，形成多方式协调的城市交通系统。

（2）加快完善公共交通基础设施建设。城市人民政府要将公共交通发展资金纳入公共财政体系，完善综合交通枢纽规划设计和公共交通停车换乘系统建设。强化不同交通方式和不同公交线路之间的有效衔接，努力实现零距离换乘。加强城市交通换乘枢纽、公交调度指挥中心、车辆视频定位监控系统、停车（保养）场、首末站、停靠站、候车亭等设施建设和日常养护，在城市主要交通干道上建设港湾式停靠站。加快老旧车辆更新淘汰，优先选择新能源、低噪声、低地板车辆，提高乘坐公共交通的便利性和舒适性。

（3）优先保障城市公共交通路权。大力推进城市公交专用道的建设和施划，依据交通流量特性设置白天全时段或高峰时段连续公交专用道，允许机场巴士、校车和班车使用公交专用道。加大对违法占用公交专用道行为的监控和管理力度，在拥堵区域和路段取消占道停车，对违法占用公交专用道的社会车辆一律按照《道路交通安全法》规定的上限进行处罚。在公交专用道沿线信号灯路口试点设置信号优先，减少公交车辆在路口的停留时间，切实保障公交车速度大于相邻社会车道的车速，提高公交车运行准点率。

（4）全面提升公共交通运营管理水平。进一步改进和优化公交线网分布、场站布局、发车频率，全面提高公交覆盖率，解决好“最后一公里”问题。开展多样化公交服务方式，发展定制公交、商务通勤班车等多元化线路，满足不同群体的出行需求。制定合理的公交票价体系，形成符合实际的政府财税补贴制度。制定重大节假日、大型活动、特殊事件等专项运输保障预案。全面推广普及城市公共交通“一卡通”及跨市域公共交通、城际铁路“一卡通”的互联互通功能。加强公共交通安全运营管理，严防因车辆自燃、车辆故障、驾驶员等因素导致的重大人员伤亡事故。

7.3.3 保障和鼓励绿色交通出行

（1）加快改善步行和自行车系统建设。除山地丘陵城市外，新建、改建的城市主次干道及支路两侧都要因地制宜设置连续的步行道和自行车道，同时大力建设城市步行、自行车“绿道”。加快行人过街设施、自行车停车设施、道路林荫绿化、照明等设施建设，完善步行和自行车微循环系统。在人流密集的区域，结合地下空间利用、周边建筑、公交车站、轨道交通车站出入口，建设连续、贯通的步行连廊等立体步行系统。轨道交通车站、公共交通换乘枢纽必须设置自行车停车设施，集散量较大的公交车站也要尽可能设置自行车停车设施。自行车道要尽可能避免与步行道共板设置，步行道树池处理要与地面平齐，尽量减少树池对步行通行空间的占用。

（2）保障行人和自行车通行安全。要定期排查步行道、自行车道被侵占现象，重点整治摊贩占道经营等行为，禁止以任何形式非法占用步行道和自行车道，严禁通过挤占步行道、自行车道方式拓宽机动车道，已挤占的，要尽快恢复。对于占用步行和自行车道违法停车、违法行驶的社会车辆，一律按照《道路交通安全法》相关规定上限进行处罚。在城市次干道及以上等级道路、机动车和自行车交通量较大的支路，合理设置机非护栏、阻车桩、隔离墩等设施，防止机动车穿行自行车道或进入人行道。落实自行车道右侧绕行公交停靠站措施，减少公交车辆进出站时影响非机动车行驶。在商业区和校园、医院、交通枢纽周边增设行人过街设施，提倡设置安全岛、行人驻足区等二次过街安全设施，配套设置右转机动车信号灯和行人过街信号灯。设施设计要符合无障碍设计标准，切实保障行人、自行车及残疾人等弱势群体的通行权利和安全水平。

（3）大力倡导绿色交通方式出行。积极开展中国城市无车日活动，鼓励各级政府建立起完善和优化城市交通基础设施建设的长效机制，在全社会倡导步行、自行车、公共交通等绿色交通出行理念，减少对小汽车的依赖和尊崇，推行低碳生活方式，促进城市交通健康可持续发展。鼓励制定推广实施私家车自律停驶制度，由政府和企业提供汽车税、油费、停车费、洗车费减免等优惠，提倡工作日每周少开一天车。

（4）因地制宜地推进公共自行车租赁系统建设。在城市人民政府主导下，加快公共自行车租赁系统建设，鼓励社会资本进入，建立全市统一的公共租赁自行车运营管理机制。公共自行车租赁网点要合理布局，尽量贴近城市居住、公交枢纽、公共建筑、公园绿地等区域，通过合理的价格和便捷的取还车方式，充分吸引市民广泛使用。要同步建设公共租赁自行车配套设施，加大日常设备维护，提高公共租赁自行车的使用周期。

7.3.4 提高城市交通拥堵治理能力

（1）持续优化城市道路网结构。合理规划设计城市道路系统，制定相应规范，提高城市道路面积率、路网密度、道路间距等指标，特别是提高支路路网密度指标，并将道路密度作为城市规划强制性指标，建立级配合理、定位明确、功能协调的路网结构。改变“大马路”、“宽马路”的建设理念，结合新区建设和旧城改造，完善和优化城市既有道路网，加大次干路、支路、街坊路改造力度，重点打通微循环系统。全面梳理“断头路”欠账，明确解决方案，提高道路通达性。充分发展步行道和自行车道微循环、社区公交等，提升公共交通通达水平。注重道路建设与沿线土地利用的协调，研究制定本地区城市道路空间规划设计规范标准并严格执行。推动道路交通功能与绿化景观功能、城市空间功能、安全防灾功能等有机统一。

（2）合理分配城市道路资源。根据交通参与者占有资源程度，公平合理分配道路空间和通行权。道路资源分配要向步行、自行车、公共交通等绿色交通方式倾斜，突出弱势群体、绿色交通方式优先权和通行权。推广设立城市低碳示范区、30km 限速区、绿色交通优先通行区域，鼓励采取交通宁静化措施，提高城市道路资源使用与城市宜居水平的协同。

（3）完善城市道路交通管理设施。健全道路交通管理设施管理机制，确保新建、改扩建道路交通管理设施与道路同步规划、设计、建设和投入使用。科学系统地设计设置城市道路交通指路信息系统，做好城市道路与普通公路、高速公路指路信息的配合衔接，确保指路标志设置层次清晰、系统，传递信息明确、连续。鼓励使用彩色路面铺装，提高道路交通视认性。建立城市道路交通基础设施数字化管理系统，定期排查整改城市道路交通标志标线、信号灯及安全隐患，排查整改前，不得作为执法依据，已处罚或录入信息系统的应予以撤销。创新交通安全管理设施市场化运营维护管理机制和社会化监督管理机制，提高交通设施运维专业化水平和社会服务水平。

（4）精细管理，高效组织道路交通运行。完善道路交通工程一体化设计体系，推进交通工程设计服务于顶层设计目标的实现。充分运用交通工程技术，科学合理地实施交叉口渠化，提高道路通行能力。鼓励交通工程、交通组织等创新方法技术应用，推广使用综合待行区、路段掉头等创新措施，合理应用单向交通、可变车道、潮汐车道等措施，优化重点区域交通组织，提高道路时空资源利用率。进一步规范道路工程、市政工程、轨道交通建设等施工期间的道路交通组织管理，应用道路施工交通影响分析、施工路段管制、分流技术等方法，合理组织施工路段周边道路交通。开展动态交通组织和信号管控研究与应用，定期摸排交通拥堵点段，研究制订缓解交通拥堵方案，整改突出问题。

（5）综合改善城市物流配送通行条件。优化确定城市配送车辆的通行区域和时段，建立完善公开、公平、公正的配送车辆通行许可发放制度。合理规划设计城市商业区、居住区、生产区和大型公共活动场地等区域的配送停车配建标准，在大城市推广配送车辆分时停车、错时停车、分类停车，完善城市配送车辆路内停车泊位，停车标志标线等停靠管理设施。加快开展城市配送车辆统一标识管理工作，推动城市配送车型向标准化、厢式化发展。鼓励和引导城市共同配送，加快推进实施城市共同配送示范工程。

（6）加强停车管理，促进良性发展。研究制定城市停车法规条例，实施“车、位匹配”、分时分区差异化管理等动静协同政策。结合城市区位和需求特性，合理设置停车配建比例，完善停车设施资源，将停车设施建设纳入城市基础开发项目，严格执行停车配建标准。鼓励停车产业发展，实施多元化的投资建设主体，大力发展地下和立体停车设施。制定差异化停车收费政策，通过停车费率的调整，引导停车规范合理化。鼓励区域停车共享，推广路内分时停车、错时停车、分类停车等措施。全面清理停车设施挪用、占用现象，针对重点区域和路段设置停车严管区，严格整顿治理城市道路违法停车行为。

7.3.5　加强城市交通数据信息应用

（1）加强交通信息综合系统建设。推动物联网、云计算、大数据等新一代信息技术创新应用，提升新技术在居民出行、车辆通行、交通管理、交通信息综合分析等方面的智慧化建设。按照国家新型城镇化规划中智慧城市建设方向的要求，通过发展智能交通，实现交通诱导、指挥控制、调度管理和应急处理的智能化。建立国家、省、市三级城市交通监测系统，加强各级管理部门对城市交通的动态掌控，为城市交通态势研判和管理政策的研究制定提供依据。确保城市交通指挥中心与公路交通指挥中心的联网联动，强化公路与城市道路、城市与城市之间的协调。推进我国道路交通管理关键技术攻关，鼓励研发国家自主品牌的城市交通信号控制及管理信息系统。

（2）加强城市交通指挥中心功能建设。确立城市交通指挥中心的指挥中枢地位，进一步完善城市交通指挥中心应用功能，加快交通信号控制、交通视频监视、交通违法监测记录、交通信息发布、警用车辆与单警定位、交通设施管理、交通事件采集、机动车缉查布控等系统建设。建立城市道路交通管理基础信息库，加强交通信息采集、分析和研判，推行信息主导警务的勤务模式，实施扁平化指挥。推广使用电视监控等交通技术监控系统、车载查询终端和手持式警务终端系统，提高对违法行为的发现、处置能力。城市中心区主要路口要纳入区域协调控制系统中，充分挖掘道路通行能力，逐步推广绿波控制、自适应调整、绿灯倒计时、流量检测分析功能技术的应用，进一步优化信号动态配时，提高道路通行效率。

（3）完善城市动态交通诱导服务。依据城市道路网交通状况和干道交通流信息，结合智能交通信号控制，实时生成交通诱导方案，形成具备发布路况、交通管制、道路施工功能的城市交通诱导系统。通过与交通广播、电视台、网站、移动通信等媒体合作，扩大实时发布路况信息的覆盖面。建立城市交通互联网服务平台，针对道路突发的拥堵、事故等意外事件，充分运用可变情报板、广播电台、互联网、手机语音、短信、微博、微信、指路服务站、车载终端等方式，为群众提供实时路况、交通违法信息、车辆和驾驶人信息告知和信息定制等多种服务。

（4）推广停车管理智能化建设。引导城市中心区建设具备停车信息查询、停车诱导、违法监测等多功能的停车智能管理系统，实现车牌自动识别或停车卡片识别的自动计时、计费功能，减少因排队等候进入停车场造成的交通拥堵。建设城市停车信息数据库，整合停车泊位信息资源，对停车泊位实施统一编号管理。加大停车诱导系统的建设力度，发布停车场位置、剩余泊位、收费标准、开放时间等相关信息，提供停车泊位预约服务，为便捷快速停车创造条件。

7.3.6 提升城市交通文明与安全水平

（1）严厉整治城市交通重点违法行为。进一步加强对假牌假证、不按规定悬挂号牌、酒后驾驶、无证驾驶、闯红灯、超速驾驶、违法占用公交车道及应急车道等各类重点交通违法行为的查处整治力度。鼓励群众通过微博、微信等形式予以举报，并面向社会明确证据信息要素，形成全社会共建的严查严管态势。建立严重交通违法与个人征信、银行信贷信用考评、机动车保险费率挂钩制度的长效机制，增强社会约束作用。加强对行人、非机动车骑车人等群体交通违法行为查处力度，重点加强电动自行车、电动三轮车、老年代步车等通行秩序管理，鼓励使用视频监控对机动车人行横道不让行进行取证和查处，确保行人安全。

（2）提高交通事件快速响应及处理能力。充分利用科技手段和合理的勤务安排，加强与路面民警的协同，利用路况监测系统对主要路口、路段进行不间断巡检，提高对交通事件的快速发现和快速处置能力。加强基层警队勤务指挥室建设，提高一线民警交通指挥、调度、控制和诱导能力。加大轻微事故快速处理力度，加快建立交通事故快速理赔中心，全面推行轻微交通事故快处快赔制度。在有条件的地方进一步完善轻微事故“互碰自赔”和先清除现场后处理事故措施。

（3）加强校园交通安全服务保障。在具备条件的城市大力发展校车服务体系，从管理体制、资金技术、通行保障、安全防范等多层面加大校车发展政策支持力度。定期开展校车安全隐患排查，落实对校车驾驶人安全教育管理责任，严查校车带“病”上路及驾驶人违法行为，杜绝低速货车、三轮汽车及其他非法营运车辆违法用于接送学生儿童。加强校园周边交通秩序治理，在校园周边道路设置限速标志和行人过街设施，在交通流量较大的路段设置行人交通信号灯。全面清理校园周边占路摊贩，定期开展交通秩序整治行动，着力改善校园周边交通秩序。科学制定各学校上下学临时交通组织方案和常态交通组织方案，在上下学高峰时间，加强校园周边停车组织管理，组织和维护交通秩序，落实学生儿童上下学期间的护学职责。

（4）深入开展道路交通安全宣传教育。加大公益宣传力度，鼓励采取建立交通安全主题公园、教育基地、巡回演示宣讲等多种形式，广泛开展交通安全公益宣传。建立职业驾驶人交通安全警示提示信息发布平台，加强事故典型案例警示教育，充分利用各种手段促进驾驶人依法驾车、安全驾车、文明驾车。坚持交通安全教育从儿童抓起，督促指导中小学结合有关课程，加强交通安全教育，鼓励学校结合实际开发有关交通安全教育的校本课程，夯实国民交通安全素质基础。

7.4 小结

我国36个大城市在全国城市中的地位显著，交通基础设施及科技应用基础普遍较好，城市交通管理也各具特色。36个大城市交通发展及管理过程中的经验和教训，对于全面客观认识我国城市交通发展所处阶段和特质，进而有针对性地解决城市交通管理突出问题、指导城市交通管理工作与行业发展具有重要意义。应加强对36个大城市交通发展的研究，建立大城市交通综合数据信息分析平台，研判道路交通运行状态、最新交通管理动态及实施效果，系统性分析、针对性调研和有效性决策，向不同城市开展分类提示、推广和指导。

此外，经过发展速度相对较快且经历时间较长的机动化进程，特大城市已经形成相对成熟的交通治理模式，交通运行趋于稳定。而部分大城市交通发展正在经历特大城市走过的发展路线，城市交通拥堵开始加剧，一些经济欠发达城市和中小城市正处于交通秩序混乱的发展困境，交通管理水平提升的引导还有待加强。因此，加强示范引导，打造城市交通管理示范项目，组织开展全国性的培训学习、示范城市现场点评观摩等活动，可为其他城市交通管理工作提供指引。

附表

36 个大城市发展和建设主要指标统计表 **附表 1**

城市	GDP（亿元）	GDP比上年增长	城镇居民可支配收入（元）	可支配收入比上年增长	市域常住人口（万）	城镇人口（万）	市域面积（km^2）	建成区面积（km^2）	道路里程（km）	道路密度（km/km^2）
北京	19500.60	7.7%	40321	10.6%	2114.8	1740.7	16410	1231.3	6258	9164
天津	14370.16	12.5%	32658	10.2%	1472.21	597.81	11947	710.6	5991	10492
石家庄	4863.60	9.5%	25274	9.7%	1049.98	230.84	20235	210.47	1503	4212
太原	2412.87	8.1%	24000	11.0%	427.77	283.37	6909	300	1812	2752
呼和浩特	2710.39	10.0%	35629	9.1%	300.11	123.57	17224	173.59	725	1651
沈阳	7158.60	8.8%	29074	10.0%	825.7	481.83	12948	430	2906	6223
大连	7650.80	9.0%	30238	9.8%	591.4	274.39	13237	390	2882	4072
长春	5003.20	8.3%	26034	13.3%	772.9	294.05	20604	418.23	2682	5913
哈尔滨	5010.80	8.9%	25197	12.0%	995.2	397.9	53840	367.14	1692	4114
上海	21602.12	7.7%	43851	9.1%	2415.15	2347.46	6341	998.75	4708	9481
南京	8011.78	11.0%	39881	9.8%	818.78	503.76	6597	637.71	5890	10458
杭州	8343.52	8.0%	39310	10.1%	884.4	275.11	16596	432.98	2255	4900
宁波	7128.90	8.1%	41729	10.1%	580.1	144.85	9816	284.91	1476	2580
合肥	4672.91	11.5%	28083	10.4%	761.1	202.05	11408	339.1	2033	4664
福州	4678.50	11.5%	32265	9.8%	734	188.26	11968	232.12	1135	2477
厦门	3018.16	9.4%	41360	10.1%	373	156.77	1699	246.3	1341	3328
南昌	3336.03	10.7%	26151	10.8%	518.42	205.6	7402	208	977	1921
济南	5230.20	9.6%	35648	9.5%	699.9	281.5	8177	355.35	4627	6361
青岛	8006.60	10.0%	35227	9.6%	896.4	277.09	11282	291.52	3705	6605
郑州	6201.90	10.0%	26615	9.8%	919.1	309.75	7446	354.66	6258	9164
武汉	9051.27	10.0%	29821	10.2%	1022	554.73	8494	506.42	5991	10492
长沙	7153.13	12.0%	33662	10.5%	722.14	299.65	11820	276.86	1390	3363
广州	15420.14	11.6%	42049	10.5%	1292.68	560.63	7434	990.11	2840	7726
深圳	14500.23	10.5%	44653	9.6%	1062.89	267.9	1997	841.68	2090	3958
南宁	2803.54	10.3%	24817	10.0%	724.43	183.16	33112	225.65	7081	10050

续表

城市	GDP（亿元）	GDP比上年增长	城镇居民可支配收入（元）	可支配收入比上年增长	市域常住人口（万）	城镇人口（万）	市域面积（km²）	建成区面积（km²）	道路里程（km）	道路密度（km/km²）
海口	904.64	9.9%	24461	9.5%	217.11	96.9	2305	97.5	6628	9080
重庆	12656.69	12.3%	25216	9.8%	2970	840.07	82403	1034.92	1338	3294
成都	9108.90	10.2%	29968	10.2%	1429.8	432.93	12390	483.35	1082	2213
贵阳	2085.42	16.0%	23376	10.0%	452.19	182	8034	162	5435	10870
昆明	3415.31	12.8%	28354	12.3%	657.9	241.21	21473	314.7	2704	6715
拉萨	260.04	12.2%	19545	10.7%	55.94	21.5	29518	62.88	872	1348
西安	4884.13	11.1%	33100	10.4%	858.81	343.4	10108	342.55	1721	4036
兰州	1776.28	13.4%	20767	12.6%	364.16	187.48	13086	196.97	279	533
西宁	978.53	14.1%	19444	10.3%	226.76	102.12	7649	75	2473	5502
银川	1273.49	10.0%	23776	10.0%	208.27	97	9491	126.38	910	2168
乌鲁木齐	2400.00	15.0%	20780	13.0%	346	249.35	14216	383.8	450	754

注：本表中的数据截至2013年底。

36个大城市交通发展主要指标统计表 **附表2**

城市	机动车数量（辆）	汽车数量（辆）	机动车驾驶人数（人）	汽车驾驶人数（人）	车均道路里程（m/辆）	公共交通年客运量（亿人次）	公共交通车辆（标台）	轨道交通日均客流量（万人次）	轨道交通里程（km）	万车死亡率	千人汽车保有量（辆/千人）
北京	5338072	5185768	8148848	8094865	1.24	51.54	22146	762	465	1.61	245
天津	2733036	2616313	3350253	3338153	2.46	13.57	8351	43	139	3.06	178
石家庄	1825293	1412115	2236239	2204428	2.25	6.40	4197	—	—	1.53	134
太原	902923	895044	1108730	1107294	2.01	5.61	3054	—	—	2.45	209
呼和浩特	690377	596587	760139	754497	1.32	3.48	2261	—	—	1.65	199
沈阳	1351920	1249400	1819715	1771562	2.64	11.32	5232	17	115	3.34	151
大连	1220048	1026014	1641771	1572310	3.65	10.66	4972	12	87	1.96	173
长春	1426202	1005377	1691271	1497435	3.44	7.58	4575	—	48	3.84	130
哈尔滨	1086118	1004946	1954542	1855602	2.35	11.62	5433	—	17	3.22	101
上海	2834197	2370249	6035015	5739660	2.13	28.04	16695	670	577	3.22	98
南京	1746651	1404121	2266280	2158851	5.02	10.73	6239	110	82	2.89	171
杭州	2537216	2036962	2807159	2622125	1.30	13.19	7450	—	48	2.90	230
宁波	2040055	1426720	2143164	2004502	1.88	4.51	4046	—	—	3.43	246

续表

城市	机动车数量（辆）	汽车数量（辆）	机动车驾驶人数（人）	汽车驾驶人数（人）	车均道路里程（m/辆）	公共交通年客运量（亿人次）	公共交通车辆（标台）	轨道交通日均客流量（万人次）	轨道交通里程（km）	万车死亡率	千人汽车保有量（辆/千人）
合肥	1035722	820675	1349472	1223307	3. 31	7. 12	3704	—	—	3. 67	108
福州	1028834	726626	1537465	1287683	2. 19	8. 88	3483	—	—	3. 15	99
厦门	1044735	676958	951056	861418	1. 93	10. 59	3893	—	—	1. 48	181
南昌	631070	560779	1317935	1217571	2. 12	5. 96	3801	—	—	3. 55	108
济南	1418783	1213435	1623144	1577560	5. 10	8. 69	4710	—	—	2. 02	173
青岛	1906575	1524634	2334643	2242225	4. 50	9. 51	5397	—	—	1. 75	170
郑州	2097396	1723660	2487631	2429759	1. 22	9. 85	5548	—	26	0. 98	188
武汉	1532702	1319663	2306533	2237354	2. 12	15. 85	7375	60	73	2. 32	129
长沙	1558790	1189387	1754357	1656044	2. 77	7. 66	3775	—	—	1. 48	165
广州	2489275	2152601	3447028	3149048	3. 62	26. 23	12211	580	246	3. 54	167
深圳	2619773	2580779	2762606	2751534	4. 95	26. 91	29846	230	178	1. 79	243
南宁	1561395	769922	1484445	1113206	2. 18	5. 82	2784	—	—	2. 40	106
海口	479600	388842	573778	520933	3. 00	3. 10	1624	—	—	2. 42	179
重庆	4048656	1929405	5214198	3385908	4. 01	—	—	110	170	2. 40	65
成都	3373391	2599877	4070265	3640834	1. 69	15. 80	9890	55	115	1. 94	182
贵阳	795193	650167	1054447	995464	1. 56	6. 10	2299	—	—	1. 89	144
昆明	1772639	1347358	2062306	1853661	1. 73	8. 44	4681	—	40	1. 70	205
拉萨	150474	128381	79558	78180	2. 23	0. 68	355	—	—	5. 52	229
西安	1840064	1634709	2854285	2816871	1. 56	17. 52	7695	—	46	2. 80	190
兰州	508889	428906	652241	633165	2. 67	0. 26	2693	—	—	4. 48	118
西宁	337888	305763	377938	371599	2. 17	3. 84	1867	—	—	4. 08	135
银川	552019	443242	514732	502188	1. 57	2. 62	1615	—	—	1. 70	213
乌鲁木齐	639528	614193	610030	607593	2. 77	8. 59	3914	—	—	3. 49	178

注：本表中的数据截至 2013 年底。

36 个大城市和全国城市主要指标对比表 **附表 3**

指标	36 个大城市总量	全国城市总量	占全国比重	36 个大城市平均值	全国城市平均值	36 个大城市平均值与比全国平均值比较
GDP(亿元人民币)	237583	568845	41.8%	—	—	—
人口（万）	16911	136072	12.4%	—	—	—
城镇人口(万)	13977	73111	19.1%	—	—	—
市域面积（km^2）	545616	9600000	5.7%	—	—	—
城市道路里程（km）	94137	350000	26.9%	—	—	—
机动车（辆）	59155499	250138212	23.6%	—	—	—
汽车（辆）	47959578	137406846	34.9%	—	—	—
小微型载客汽车（辆）	44396072	103146343	43.0%	—	—	—
机动车驾驶人（人）	77383219	279120303	27.7%	—	—	—
汽车驾驶人（人）	71874389	218719237	32.9%	—	—	—
公共交通年客运量（亿人次）	406.76	771.17	52.7%	—	—	—
公共交通车辆（标台）	226411	573000	39.5%	—	—	—
致人伤亡交通事故（起）	56034	198394	28.2%	—	—	—
交通事故死亡人数（人）	14413	58539	24.6%	—	—	—
人均 GDP（元人民币）	—	—	—	71625	41590	高 72.2%
人均可支配收入（元人民币）	—	—	—	30620	26955	高 13.6%
万车死亡率	—	—	—	2.66	2.34	高 13.7%
千人汽车保有量（辆/千人）	—	—	—	165	102	高 61.8%
机动车同比增长（%）	—	—	—	9.15%	4.27%	高 4.88%
汽车同比增长（%）	—	—	—	15.5%	13.66%	高 1.34%
小汽车同比增长（%）	—	—	—	32.5%	19.8%	高 12.7%